设计导向,能力开发,纵向一贯,横向一体
——江苏省中高等职业教育衔接课程体系建设课题成果

Flash 经典案例设计与制作

陈高祥　潘舒洁　主编

苏州大学出版社

图书在版编目(CIP)数据

Flash 经典案例设计与制作 / 陈高祥,潘舒洁主编. —苏州:苏州大学出版社,2017.10(2022.7重印)
 ISBN 978-7-5672-2119-2

Ⅰ.①F… Ⅱ.①陈… ②潘… Ⅲ.①动画制作软件 Ⅳ.①TP391.414

中国版本图书馆 CIP 数据核字(2017)第 155711 号

Flash 经典案例设计与制作
陈高祥　潘舒洁　主编
责任编辑　征　慧

苏州大学出版社出版发行
(地址:苏州市十梓街1号　邮编:215006)
广东虎彩云印刷有限公司印装
(地址:东莞市虎门镇黄村社区厚虎路20号C幢一楼　邮编:523898)

开本 787 mm×1 092 mm　1/16　印张 9.5　字数 237 千
2017 年 10 月第 1 版　2022 年 7 月第 5 次印刷
ISBN 978-7-5672-2119-2　定价:25.00 元

苏州大学版图书若有印装错误,本社负责调换
苏州大学出版社营销部　电话:0512-67481020
苏州大学出版社网址　http://www.sudapress.com

中高职衔接课程体系系列教材编委会

总 主 编	曹志宏
副总主编	曹振平　冯　瑞
编　　委	丁慧洁　叶红霞　吕　刚　刘　正
	安　峰　严仲兴　杜梓平　张　鹏
	陈　芳　陈晓明　陈高祥　陈　强
	周　祥　查艳芳　顾家乐　徐国明
	陶文寅　蔡炳育　潘舒洁

《Flash 经典案例设计与制作》编委会

主　　编	陈高祥　潘舒洁
副 主 编	陈　芳　吕　刚　李　峰
参　　编	陈李飞　许国民　严春风　胡玉鑫
	步扬坚

前　言

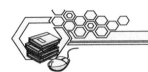

　　Flash 被称为"最为灵活的前台",由于其独特的时间片段分割(TimeLine)和重组(MC 嵌套)技术,结合 ActionScript 的对象和流程控制,使得灵活的界面设计和动画设计成为可能,同时它也是最为小巧的前台。Flash 具有跨平台的特性(这点和 Java 一样),无论你处于何种平台,只要你安装了支持的 Flash Player,就可以保证它们的最终显示效果一致,而不必像在以前的网页设计中那样为 Internet Explorer 或 NetSpace 各设计一个版本。同 Java 一样,它有很强的可移植性。最新的 Flash 还具有手机支持功能,用户可以为自己的手机设计喜爱的功能。

　　本书以 Flash 软件的使用为基础,介绍了 Flash 的基本操作和动画制作的过程。本书共分为四个项目,每个项目包括"教学项目名称""教学目标和工作任务""项目分析""教学过程",每个项目的最后都配有相关习题,以供练习。

　　本书适合作为高等职业院校的多媒体设计制作、计算机艺术设计、计算机应用等专业的教材,也可以作为二维动画培训班的教材,还可以作为动画制作爱好者的自学用书。书中部分相关的电子素材可到苏州大学出版社网站(www.sudapress.com)查询。

　　由于时间和水平的原因,书中可能仍有不当之处,欢迎广大读者批评指正。

编　者

2017 年 5 月

序

自《国家中长期教育改革和发展规划纲要(2010—2020年)》颁布以来,全国各地先后进行现代职业教育改革试点,特别是2014年教育部等六个部门编写《现代职业教育体系建设规划(2014—2020年)》之后,江苏、山东、安徽、湖南、广东、四川、甘肃等省先后颁布了各省建设规划,从政府层面推动现代职业教育体系建设。自2012年以来,江苏省一直着力于搭建中高职及应用型本科人才贯通培养立交桥:中职校与高职校"3+3"分段培养,中职校与应用型本科院校"3+4"分段培养,高职校与应用型本科院校"3+2""5+2"分段培养,以及高职校与应用型本科院校联合培养等,"现代职业教育体系建设"试点规模不断扩大,从2012年的71个试点项目实际招生4885人,到2014年的422个项目招生规模达22万人。

2014年,江苏省教育厅启动了"江苏省中高等职业教育衔接课程体系建设"课题研究项目,由苏州工业园区服务外包职业学院、苏州高等职业技术学校、苏州广播电视总台世纪飞越网络技术有限公司联合申报的"'设计导向,能力开发,纵向一贯,横向一体'中高职衔接课程体系研究"获江苏省教育厅立项。经过两年的研究,取得了丰硕成果,形成了基于"设计导向,能力开发,纵向一贯,横向一体"的中高职衔接课程体系系列教材。

"设计导向,能力开发,纵向一贯,横向一体"中高职衔接课程体系以"设计导向"的教育思想和"能力开发"的教育理念为指导,以学生发展为主线,以岗位职业能力为导向,在遵循中高职各自教育特点的基础上,按照"纵向一贯,横向一体"逻辑结构,整体设计中高职课程。

"设计导向"即遵循人才成长规律,以学生发展为主线,科学规划中高职学生成长路径,阶梯式设计培养课程,培养技能型劳动者和技术型工人。职业教育不应把学生仅仅视为未来的劳动者,而应视其为技术设计的潜在参与者,也就是从人的发展的角度来培养学生。

"能力开发"即按照职业工作岗位的要求,以职业能力提升为目标,开发学习领域课程,序列化设计学生能力提升体系。课程标准和教材开发对接职业标准、国际标准。能力开发是目标性的教学理念,职业能力包含专业能力、方法能力和社会能力,其魅力在于:职业能力所体现出的应变能力,不仅为劳动者提供了快速掌握新技能和获取新资格的可能,而且赋予他们新的乃至更加光明的职业前景。职业能力不是让从业者被动地适应外界的变动,而是主动地塑造和规划自己的职业生涯。

"纵向一贯"即整体设计课程体系,在内容层面,实现公共基础课程体系的一贯性、专业课程体系的一贯性以及公共基础课程与专业课程的协调与关联性；在实施层面，实现课程方案、课程标准、教材、教学资源等方面的一贯性，从而有效地避免了课程的重复、交叉和断层现象。课程体系以学分为纽带，通过学分的积累，沟通中职和高职课程的学习；通过学分的转换，沟通高职和应用型本科课程的学习。课程体系以课程接口为衔接点，主要体现在两个方面：一是借鉴"慕课"(MOOC)理念，开发在线学习课程，前置后一阶段的认知课程、公共基础课程和简单项目课程；二是前一阶段的专业核心课程与后一阶段的专业基础课程对接，形成课程序列。

"横向一体"即针对中职和高职自身教育特点，形成相对独立的一体化课程体系，既能满足中职和高职学生就业、创业需求，也能满足中职和高职学生升学的需求。一体化课程主要采用以能力培养为本位、以职业实践为主线、以项目课程为主体的模块化课程体系，实现课程内容与职业岗位对接、教学过程与生产过程对接、学校师资与企业专家对接、职业资格与国际认证对接、思想品德教育与职业素质养成对接。

本套教材针对中高职的核心课程开发，适用于中职的"计算机应用技术"等相近专业与高职的"嵌入式技术与应用"等相近专业的中高职衔接课程，包括中职和高职衔接的序列化教材：《面向对象程序设计——C++编程》(中职)、《Java程序设计与实践》(高职)、《单片机C语言教程》(中职)、《单片机高级应用开发》(高职)、《Flash经典案例设计与制作》(中职)、《Flash游戏开发》(高职)，以及高职的3本教材：《嵌入式Linux应用项目式教程》《PHP项目实践开发教程》《Android项目驱动式开发教程》。其他课程的教材，我们正在陆续开发中。

感谢本套教材所有的编写人员为中高职课程衔接做出的贡献，感谢出版社的大力支持，感谢广大师生使用本教材。我们将积极收集反馈意见，以便进一步修订完善，从而实现中高职课程的更有效衔接。

中高职衔接课程体系系列教材编委会
2017.4

目 录

项目 1　Flash 电子节日贺卡制作 ······ 1
 1.1　教学目标和工作任务 ······ 1
 1.2　Flash 电子节日贺卡制作项目分析 ······ 2
 1.3　教学过程 ······ 2
 习　题 ······ 25

项目 2　Flash 创意广告制作 ······ 26
 2.1　教学目标和工作任务 ······ 26
 2.2　Flash 创意广告制作项目分析 ······ 27
 2.3　教学过程 ······ 27
 习　题 ······ 81

项目 3　Flash 简易动画片头制作 ······ 82
 3.1　教学目标和工作任务 ······ 82
 3.2　Flash 简易动画片头制作项目分析 ······ 82
 3.3　教学过程 ······ 83
 习　题 ······ 102

项目 4　Flash 简易动画原理短片制作 ······ 103
 4.1　教学目标和工作任务 ······ 103
 4.2　Flash 简易动画原理短片制作项目分析 ······ 104
 4.3　教学过程 ······ 113
 习　题 ······ 142

Flash 电子节日贺卡制作

 1.1 教学目标和工作任务

 教学目标

◇ 了解 Flash 电子节日贺卡的制作方法；
◇ 能够独立模仿案例制作电子节日贺卡。

 工作任务

◇ 场景的建立；
◇ 镜头框(安全框)的建立；
◇ 元件的提取和使用；
◇ 动画的制作；
◇ 动画的导出。

1.2 Flash 电子节日贺卡制作项目分析

项目分析

以"节日贺卡"为动画制作的主题,通过使用工具箱和菜单制作。制作 Flash 电子节日贺卡最重要的是创意,由于贺卡的情节比较简单,一般只有短短几秒钟,不像 MV 与动画短片那样有一条很完整的故事线,所以如何在很短的时间内表达出创意,并给人们留下深刻的印象非常重要。

创作目的

通过学习电子节日贺卡的制作方法及技巧,让学生了解 Flash 电子节日贺卡的制作过程,以对学生制作其他贺卡提供一定的指导,同时激发学生学习知识、掌握技能的积极性和主动性。

构思与策划

"圣诞节"虽然是西方的节日,但是越来越受到现代年轻人的推崇。本项目以"圣诞贺卡"为例,通过文字、音乐、画面、节奏的配合,表现贺卡的主题及其意义。

1.3 教学过程

任务分析与实施

1. 场景的建立

(1) 打开 Adobe Flash CS4 软件,选择"新建"→"Flash 文件(ActionScript 2.0)"命令,见图 1-1。

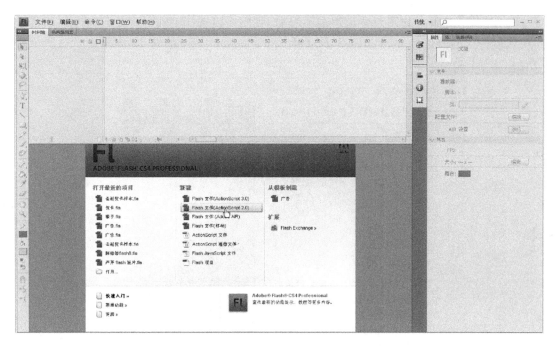

图 1-1　利用 Adobe Flash CS4 软件新建 Flash 文件（ActionScript 2.0）

（2）在 Adobe Flash CS4 版本里，操作界面发生了很大的变化，我们可以看到工具箱、场景、时间轴、"属性"面板的位置在新的版本里都已经改变，见图 1-2。

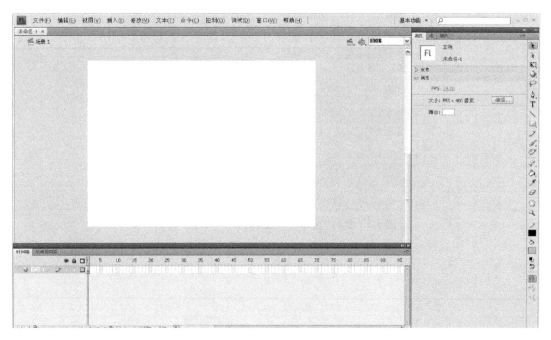

图 1-2　Adobe Flash CS4 操作界面

（3）用惯了老版本的用户会觉得很不习惯，我们可以选择"窗口"→"工作区"→"传统"命令，恢复传统的操作界面，见图1-3、图1-4。

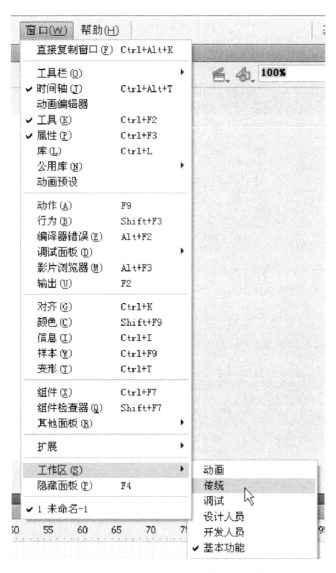

图1-3　执行"窗口"→"工作区"→"传统"命令

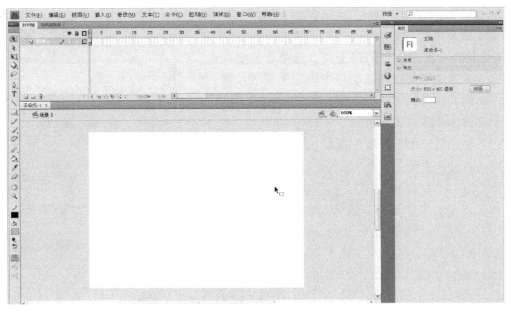

图 1-4 传统的操作界面

(4) 在建立好的文档中设置属性,具体操作如下:在"属性"面板的"属性"菜单中单击"编辑"按钮,见图 1-5;将尺寸设为"1024像素×600像素",背景颜色设为"白色",帧频设为"24fps",标尺单位设定为"像素",然后单击"确定"按钮,见图 1-6;选择"文件"→"储存"命令,将文件以名称"圣诞贺卡.fla"存储。

图 1-5 "属性"面板

图 1-6 设置文档属性

2. 镜头框的建立

完成场景属性的设置后,我们要先画一个镜头框(也称安全框),放在舞台的最上面。这是非常必要的,镜头框能够帮助我们在动画制作中确定画面的位置,在日后的动画制作过程中也很方便。

制作镜头框的方法如下:

(1)在工具箱中选择矩形工具 ▭,并在填充与笔触选项中将笔触设置为黑色,将填充设置为不填色。在场景中绘制一个与舞台一样尺寸的矩形。将该矩形放置与舞台相同的位置,我们可以选择"窗口"→"对齐"命令,并在弹出的控制面板中选择"相对于舞台",单击"水平居中"和"垂直居中",见图1-7。

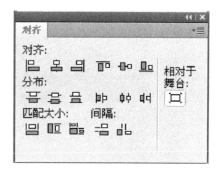

图1-7 "对齐"面板

(2)矩形居中之后,我们选中矩形,按快捷键【Ctrl】+【C】,拷贝该矩形;继续按快捷键【Ctrl】+【Shift】+【V】,在当前位置粘贴拷贝的矩形;按快捷键【Ctrl】+【Alt】+【S】,弹出"缩放和旋转"对话框,将缩放比例调为150%左右,单击"确定"按钮,见图1-8。

图1-8 "缩放和旋转"对话框

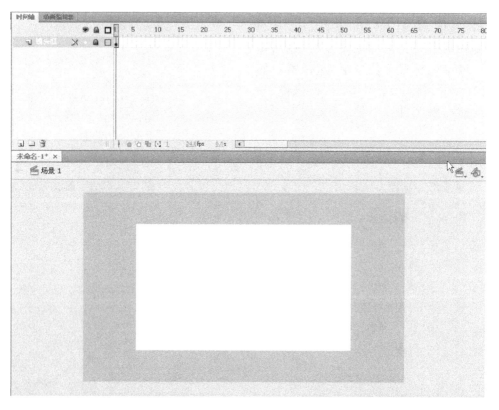

图1-9 镜头框的建立

(3) 此时画面中会出现两个矩形框,在两个矩形框之间填入黑色,调节黑色填充色的透明度(透明度可以任意设置,只要自己看得到,能起到镜头框的作用就好),将边线去掉。最后把制作矩形框的"图层1"改名为"镜头框",锁定即可,见图1-9。建议大家在以后制作动画片之前一定要将镜头框事先做好。

3. 元件的提取及使用

元件是 Flash 软件图像组成的一个基本要素。元件就好像电影中的演员一样,元件质量的好坏直接关系到动画片最终的效果。在 Flash 动画制作中,我们必须先准备好元件,才能开始动画的制作。

在本次练习中,我们已经准备好了一些元件和图形素材。

选择"文件"→"导入"→"打开外部库"命令,系统会弹出"打开外部文件库"对话框,在这里我们选择"光盘:项目1　Flash 电子节日贺卡制作\圣诞贺卡样本.fla",该文件库中的元件及图形素材就会自动打开,见图1-10。

4. 动画的制作

首先需要说明的是,Flash 软件的图层在动画制作中的设置非常重要,必须经过严格的分配,见图1-11。这个图层清晰、合理,是 Flash 动画制作图层分配的标准板式。所有动画动作的制作都放在"动画"图层里,图层里面再分不同的制作图层。

图1-10　打开库面板

图1-11　Flash 动画制作图层分配的标准板式

不是所有的动画制作都必须按照图 1-11 所示的图层分配,比如制作简单的贺卡、广告等则不用这么严格。对于前三个模块,我们对图层没有特别要求,但是在后面短片制作中则必须较为严格地执行图层的分配。

下面我们以制作"圣诞贺卡"为例,详细说明制作方法。

(1) 新建一个名为"背景"的图层,将其放到"镜头框"图层的下面。在库中先找到"背景"素材,把该文件放到舞台上,不要露出白边,见图 1-12。

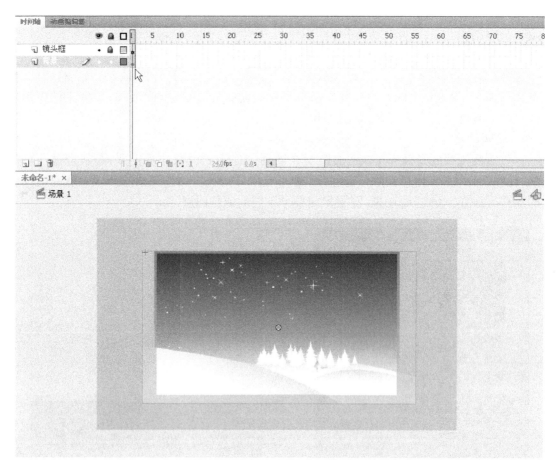

图 1-12　"背景"图层及素材的导入

(2) 新建一个名为"雪花 1"的图层。在库中先找到"雪花 1"图形元件,把该元件拖至舞台上,并放到舞台的中央。"雪花 1"为堆积的雪花,双击进入元件编辑界面,制作放射渐变,中间为白色,周边为淡蓝色,见图 1-13。

图1-13 "雪花1"图层的建立及素材的导入

（3）将做好的"雪花1"图形元件转换成影片剪辑的原件，增加"投影"滤镜。将模糊值调为"70像素"，品质为"高"，颜色为"深蓝色"，见图1-14。

图 1-14 "雪花 1"图形元件的编辑及制作效果

（4）新建一个名为"雪花 2"的图层。在库中先找到"雪花 2"图形元件,把该元件放到舞台合适的位置,使整个画面更有层次感,见图 1-15。

图 1-15 "雪花 2"图层的建立及素材的导入

（5）在后面动画的制作中，我们不需要对这几个图层做动画，只需在最后的动画制作时随时按快捷键【F5】延长其帧数即可，目前将所做的四个图层全部锁定，见图1-16。

图1-16　图层的锁定

（6）保存文档。在菜单中选择"文件"→"保存"命令，文件名为"圣诞贺卡"，保存类型为"Flash CS4 文档（*.fla）"，见图1-17。

注意：文件的保存非常重要，因为有时会遇到系统死机或断电等无法预料的情况，所以为了保证制作效率，要随时按快捷链【Ctrl】+【S】进行保存。

图1-17　"另存为"对话框

（7）在"背景"图层上方新建一个名为"圣诞老人"的图层。找到"圣诞老人"的图形素材，将其拖到画面中，并调整至合适的大小和位置，见图1-18。

图1-18　"圣诞老人"图层的建立及素材的置入

（8）双击进入"圣诞老人"元件的编辑层。由于圣诞老人的动画较复杂，我们提供了已完成的圣诞老人影片剪辑，可以直接调用。圣诞老人的影片剪辑的时间轴上的图层和关键帧制作如图1-19所示，有兴趣的可以在课外自行研究制作。

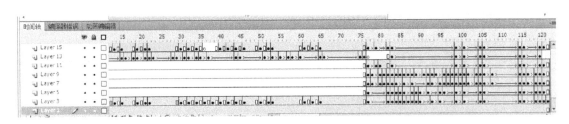

图1-19　帧的创建及移动

（9）调整"圣诞老人"在图层上关键帧位置：将第2个关键帧放在时间轴第56帧的位置；将第3个关键帧放在时间轴第116帧的位置；并在这三个关键帧中间按右键，在弹出的菜单中选择"创建传统补间"命令，见图1-20。

（10）回到场景中，新建图层"梅花鹿1"，在该图层中从库中拖入已经完成的梅花鹿1的影片剪辑，见图1-21。

项目1　Flash 电子节日贺卡制作

图 1-20　执行"创建传统补间"命令

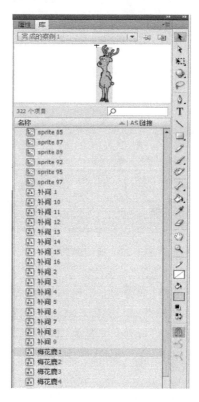

图 1-21　场景中"圣诞老人"起步位置的确定

(11)同上,依次新建"梅花鹿2""梅花鹿3""梅花鹿4"等图层,在库中拖入相应的影片剪辑,见图1-22。

图1-22 依次新建其他图层

(12)在梅花鹿的每个图层的153帧的位置都按下快捷键【F5】,或者快捷键【F6】,见图1-23。

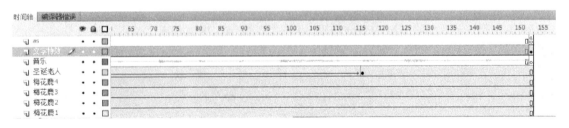

图1-23 时间轴面板

(13)将"外部库"中的音频文件"背景音乐"拖入到本文档的"库"面板中,见图1-24。

(14)新建"背景音乐"图层,用鼠标单击第1帧。在"属性"面板下的"声音"选项的设置里,将"名称"设置为"背景音乐","同步"设置为"数据流"(其特点就是可以在Flash文档编辑过程中同步听见音乐与画面的配合),见图1-25。

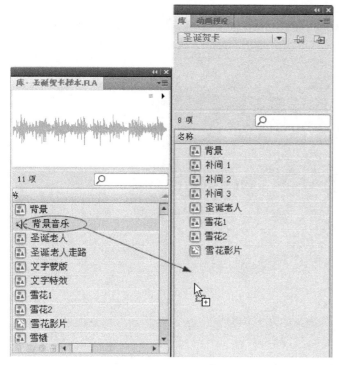

图 1-24 "背景音乐"导入

图 1-25 "属性"面板中声音的编辑

"背景音乐"图层就会显示音波的图样效果,拖动指针即可随时听到音乐,见图 1-26。

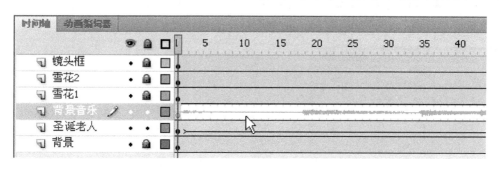

图 1-26 "背景音乐"图层上声音的置入

（15）按【Enter】键播放动画效果,检查圣诞老人的走路是否能够和上音乐的节拍,再做适当的调整。

5. 文字特效的制作

（1）单击"圣诞老人"图层的 👁 按钮,隐藏该图层。在"圣诞老人"图层下方,新建一个名为"文字特效"的图层,在第 30 帧的位置按快捷键【F6】创建一个关键帧,并选择文本工具 T ,单击舞台中间,输入文字"Merry Christmas",见图 1-27。

图1-27 "文字特效"图层的建立及文字的输入

文字属性的字符设置是:系列(字体)为黑体,见图1-28。

(2)选中设置好的文字,按快捷键【F8】,弹出"转换为元件"对话框。在这里我们将名称设置为"文字特效",类型为"图形",见图1-29。

图1-28 "属性"面板中文字的设置　　　　图1-29 "转换为元件"对话框

（3）双击"文字特效"元件，进入编辑界面。在图层1中选择文字，按两下组合键【Ctrl】+【B】，将可编辑文字完全打散，见图1-30。

图1-30 打散文字

（4）按组合键【Ctrl】+【C】，拷贝图层1打散的文字。新建图层2，单击该图层的第1帧，按组合键【Ctrl】+【Shift】+【V】，将拷贝的文字粘贴当前位置到新建图层，相当于将图层复制。

（5）隐藏图层2，选中图层1的文字，在"颜色"面板中设置文字的填充颜色。类型为放射状的大红色至深红色渐变，见图1-31。

（6）将笔触颜色设置为橘黄色，使用墨水瓶工具 对字体边缘进行描边上色。笔触的粗细为2，见图1-32。

图1-31 渐变文字的编辑

图1-32 文字描边的设置

（7）在图层1的上方新建图层2，改名描边，在图层2中使用选择工具把用墨水瓶工具绘制的黄色的边全部选中，剪切到新建的图层"描边"中，粘贴到当前位置，见图1-33。

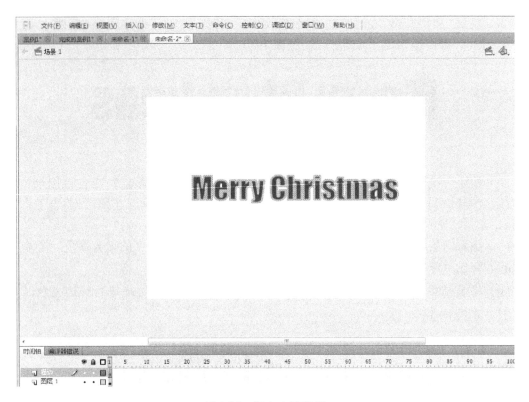

图 1-33　舞台中的字样

（8）新建图层 3 并放置在最下面,在图层的第 1 帧中绘制一个长矩形,里面的填充颜色如图 1-34 所示。

图 1-34　遮罩层的图形

（9）这个矩形条的颜色具体做法参考如下：首先绘制一个长矩形条,填充颜色为纯红色,见图 1-35。

图 1-35　绘制一条长矩形,填充颜色为纯红色

（10）使用橡皮擦工具在红色矩形条中擦掉部分颜色,见图 1-36。

图1-36　在长条矩形中选择线性渐变,红色→黑色,进行填充

（11）选择右侧颜色部分,使用颜色工具,填充红色到黑色的线性渐变进行填充,如图1-37所示,然后选中整个矩形,使用快捷键【F8】将其转换成图形元件。

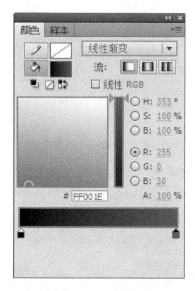

图1-37　"遮罩层"的创建

（12）在图层3的第40帧处按下快捷键【F6】,创建关键帧,调整第1帧的位置和最后一帧的位置,选择任意变形工具,在这一帧上将矩形色块拉长变形,并完全覆盖"Merry Christmas"文字,右击,选择"创建传统补间动画",见图1-38。

图1-38　检查效果

（13）右击图层1，在弹出的菜单中选择"遮罩层"命令，完成文字特效的设置，见图1-39。

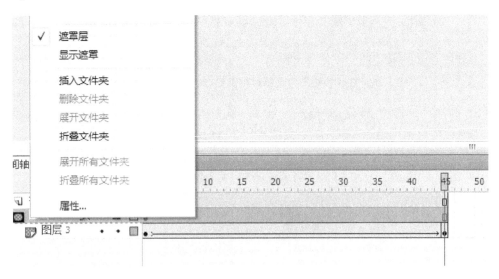

图1-39　右击打开下拉菜单

（14）回到场景中，在文字特效图层中调整刚刚制作好的遮罩文字的位置，在第153帧处按下快捷键【F5】，或者快捷键【F6】，这样文字特效图层的制作就完成了，见图1-40。

图1-40　调整遮罩文字的位置

（15）在文字特效图层中选中"Merry Christmas"，在"属性"面板中打开"循环"命令，在选项里设置"播放一次"，见图1-41。按【Enter】键，播放动画，检查制作效果。利用同样的道理，也可以选择默认选项中循环。

（16）在文字特效图层下方新建一个命名为"音乐"的图层，来放置背景音乐，将"外部库"中的音频文件"背景音乐"拖入到本文档的"库"面板中，见图1-42。

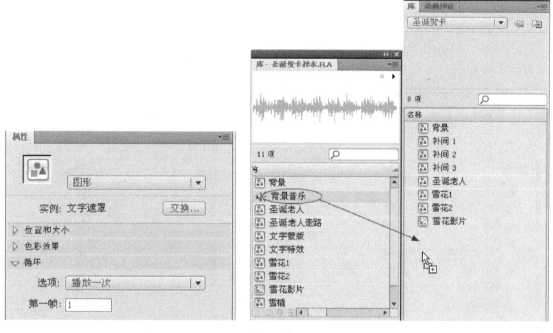

图1-41 "属性"面板中图形元件的设置　　图1-42 将音频文件"背景音乐"拖入"库"面板中

（17）在库中找到背景音乐的音频文件，选择音乐图层的第1帧，将音频文件拖到舞台上，见图1-43。

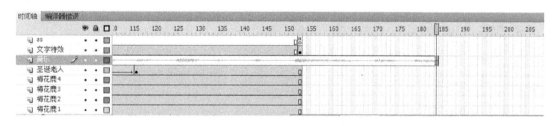

图1-43 音频文件在时间轴上

（18）单击音乐图层的任何帧，打开它的"属性"面板，在"同步"下选择"数据流"（其特点就是可以在Flash文档编辑过程中，同步听见音乐与画面的配合），见图1-44；"背景音乐"图层就会显示音波的图样效果，拖动指针即可随时听到音乐。

图 1-44 "属性"面板中声音的编辑

（19）由于一般音频文件比较长，超出我们动画的帧数，可以在音乐图层的第 153 帧处按下快捷键【F7】，后面空出来的空白帧全部选中，右击，选择"删除帧"命令，如图 1-45 所示。

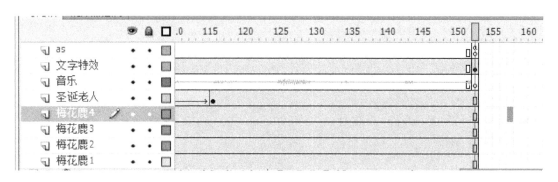

图 1-45 删除帧

6. 动作命令的制作

（1）在"背景音乐"图层的最后一帧上创建一个关键帧，并按快捷键【F9】，打开"动作"面板，加入"stopAllSounds( );"命令。当动画播放至最后一帧的时候，该命令会停止音乐的播放，见图 1-46。

图 1-46 "背景音乐"图层中"动作"面板的设置

（2）在"镜头框"图层的最后一帧上也创建一个关键帧，并按快捷键【F9】，打开"动作"面板，加入"play( );"命令。当动画播放至最后一帧的时候，该命令会重新播放影片，见图 1-47。

项目1 Flash 电子节日贺卡制作 23

图 1-47 "镜头框"图层中"动作"面板的设置

7．动画的导出

（1）最后，按快捷键【Ctrl】+【Enter】，对"圣诞贺卡"进行影片测试，检查制作效果，见图 1-48。

图 1-48 影片测试，检查效果

（2）影片测试后，在你储存的文件旁会自动生成一个同名的 swf 文件，见图 1-49。

图 1-49 fla/swf 文件

（3）关闭 Flash 软件，双击文件夹中的"圣诞贺卡.swf"，圣诞贺卡影片会自动播放，单击菜单中"文件"→"创建播放器"命令，见图 1-50。

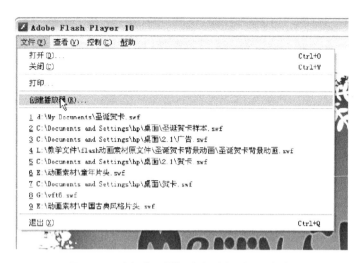

图 1-50　选择"文件"→"创建播放器"命令

（4）在弹出的"另存为"对话框中输入文件名"圣诞贺卡"，保存类型为"播放器（*.exe）"，见图 1-51。

图 1-51　"另存为"对话框

（5）文件夹中会生成后缀名为 exe 的播放文件，这个文件可以在没有安装 Adobe Flash Player 或其他播放器的计算机里播放影片，该文件自身带有播放器。

问题与探究

◇ 镜头框(安全框)在 Flash 动画中的作用是什么?
◇ 请解释"导入到舞台""导入到库"和"打开外部库"的区别。
◇ 和"帧"相关的快捷键有哪些?

 任务评价

评价内容	序号	具体指标	分值	学生自评	小组评分	教师评分
基本检查	1	文件建立的准确性	5			
	2	镜头框建立的准确性	5			
	3	元件导入的合理性	5			
	4	动画制作的完整性	25			
	5	帧操作的准确性	10			
	6	动画格式导出的准确性	5			
工作态度	7	行为规范、纪律表现	10			
成片检测	8	情节的完整性	10			
	9	动作完成的程度	10			
	10	节奏的把握	10			
艺术效果	11	构图及美感的把握	5			
		综合得分	100			

 习 题

以"端午节快乐"为主题,独立完成 10～20 秒的 Flash 电子节日贺卡的制作。要求:主题突出,画面流畅,构图精美,色彩搭配合理,界面友好。

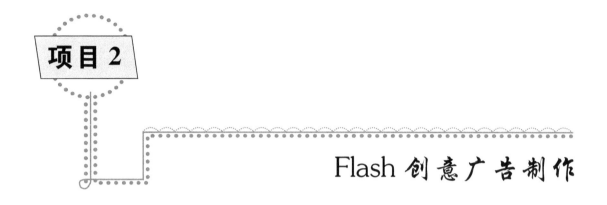

项目 2 Flash 创意广告制作

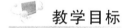 **2.1 教学目标和工作任务**

教学目标

◇ 了解 Flash 创意广告的制作方法；
◇ 能够独立模仿案例制作创意广告。

工作任务

◇ 文件的建立；
◇ 文字特效的制作；
◇ 体育项目动画的制作；
◇ 火炬的制作；
◇ 吉祥物瑞恩动画的制作；
◇ 音频剪辑与制作。

2.2　Flash 创意广告制作项目分析

项目分析

以"创意广告"为动画制作的主题,以 Flash 软件为主,Audition 软件为辅,制作以奥运为主题的公益广告。公益广告的诉求对象是大众,要达到宣传和普及的效果。公益广告的主题要鲜明,画面要流畅,有一定的提倡、提醒作用或警示作用。好的公益广告能够让人过目不忘。

创作目的

通过学习公益广告的制作方法及技巧,让学生了解 Flash 创意广告的制作过程,对学生其他公益广告的制作提供一定的指导,也激发学生学习知识技能的积极性和主动性。

构思与策划

本案例主要以宣传"奥运火炬传递"为主题,通过文字特效制作、位图素材处理、火的运动规律、角色动画制作及音频剪辑软件制作,表现公益广告的主题及意义。

2.3　教学过程

任务分析与实施

1. 文件的建立

(1) 打开 Flash 软件,建立一个 Flash 文档,并设置该文档的属性。将尺寸设为默认尺寸"550 像素×400 像素",背景设定为"黑色",帧频设定为"24fps",标尺单位设定为"像素",然后单击"确定"按钮。选择"文件"→"储存"命令,将文件以名称"公益广告.fla"存储。

(2) 在文档设置好后,参照项目 1 中的已学内容制作镜头框,将"图层 1"更名为"镜头框",见图 2-1。

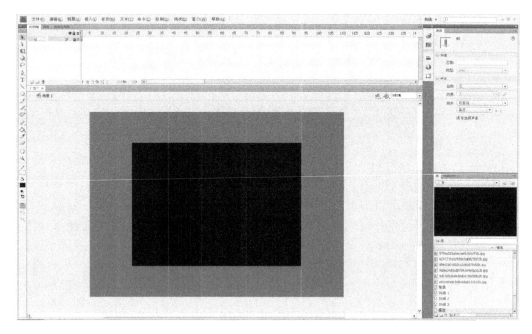

图 2-1 "文档"及"镜头框"的建立

2. 文字特效的制作

（1）在"镜头框"图层下面新建"文字特效"图层。选择文本工具 [T]，输入"温暖传递"字样。在"属性"面板中设置字符，见图 2-2，系列为黑体，大小为 81.0 点，颜色可自己随意制定（该字体在后面主要是作为遮罩层使用的，所以在特效制作之后是看不见的）。

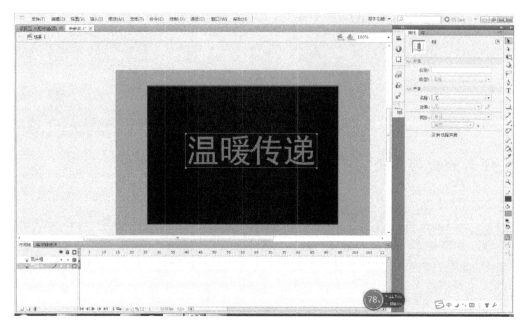

图 2-2 "文字特效"图层的建立及文本的输入和设置

（2）选中设置好的"温暖传递"，右击鼠标（或直接按快捷键【F8】），在弹出的菜单中选择"转换为元件"命令，弹出"转换为元件"对话框，将名称设为"文字特效"，将类型设为"图形"（或"影片剪辑"），见图2-3。

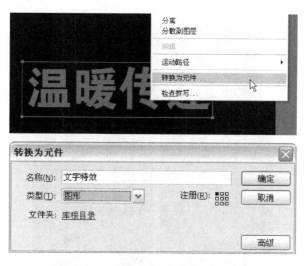

图2-3 "温暖传递"转换元件的设置

知识点：图形元件与影片剪辑元件的区别。一般情况下我们认为，图形元件主要用于静止的图片；而影片剪辑元件包含时间轴、图层以及其他图形元件。但是实质上，图形元件也可以制作类似于影片剪辑元件的时间、动作，其好处就是图形元件可以随时在场景中观看，而影片剪辑元件不能在场景中同步播放，所以为了能够及时检查动画制作效果，我们往往会在图形元件里面做动作。但是影片剪辑元件有一个特殊功能是不能代替的，那就是滤镜，所以在必要的时候必须使用，而且在最终播放的时候影片剪辑元件可以循环播放，而图形元件则不能，我们在导出影片之前可以将图形元件转换成影片剪辑元件，在本项目的最后我们会用到。

（3）双击制作好的"文字特效"元件，进入编辑状态。含有文字的图层默认为图层1，见图2-4。

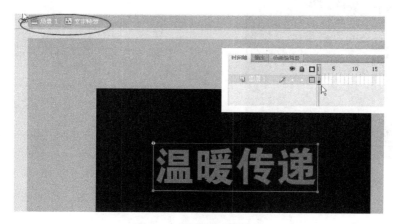

图2-4 "文字特效"编辑

（4）选中"温暖传递"文字，按快捷键【Ctrl】+【B】将其打散，当文字分离后可以通过选择工具 ▶、任意变形工具 ▦ 进行位置和大小的排放，安排好后按快捷键【Ctrl】+【B】继续将文字打散，当文字上出现白色的序列点之后就完成了遮照层的制作，见图2-5。

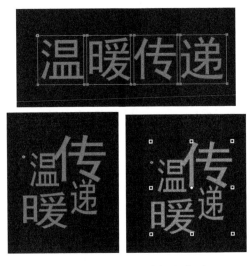

图2-5　文字打散、移位和变形

（5）新建图层2，选择椭圆形工具 ◯，按住快捷键【Shift】绘制正圆形。选择颜色面板 ◈，将笔触颜色调为无，填充颜色选择橘黄色，类型为"放射状"，并设置为实色到透明色渐变，见图2-6。

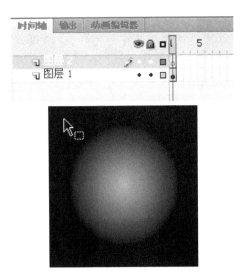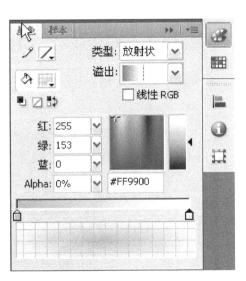

图2-6　"放射状"圆形的制作

(6) 在舞台外边将做好的圆形渐变复制，调整大小和位置，见图 2-7。

图 2-7 "放射状"圆形组的制作

(7) 将做好的一组圆形放至舞台的左边，见图 2-8。

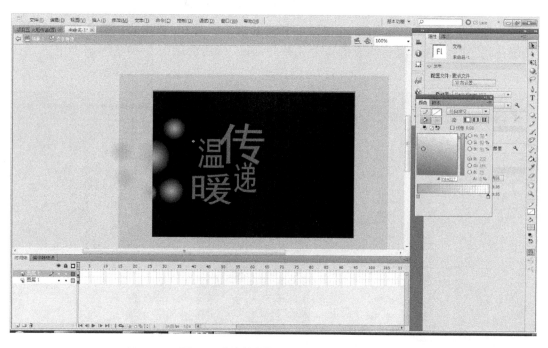

图 2-8 "放射状"圆形组的起始位置

(8) 用鼠标单击图层 2 的第 40 帧，按快捷键【F6】，建立一个关键帧，按【Shift】键，将做好的一组圆形放至舞台的右边，见图 2-9。

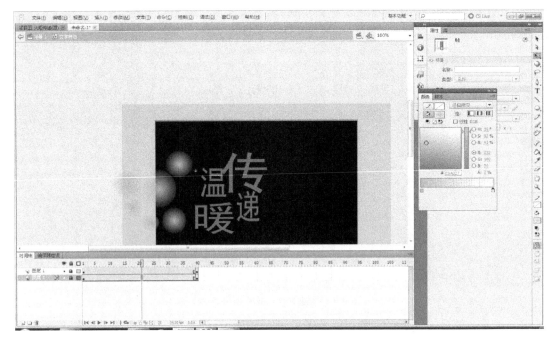

图 2-9 "放射状"圆形组的终点位置

（9）在图层 2 的第 1 帧和第 40 帧之间任意处右击鼠标，在弹出的快捷菜单中选择"创建传统补间"命令，时间轴上就会自动生成补间动画，然后将图层 2 移至图层 1 下方，见图 2-10。

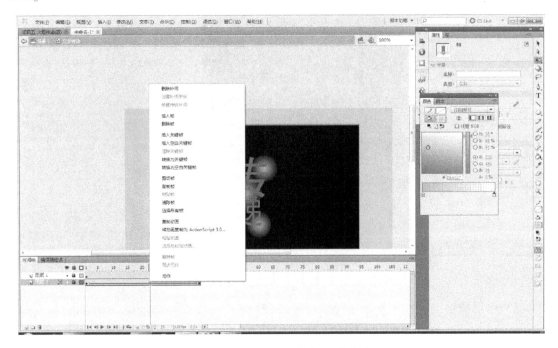

图 2-10 执行"创建传统补间"命令

(10) 选中图层 1, 单击鼠标右键, 在弹出的菜单中选择"遮罩层"命令, 这样就将图层 1 定义为遮罩层, 见图 2-11。

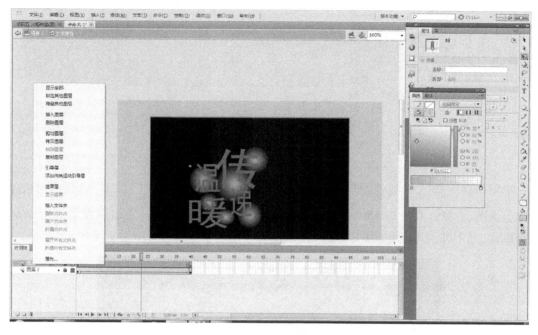

图 2-11 创建"遮罩层"

图层 2 被定义为遮罩层的同时, 它下面的图层 1 被定义为被遮罩层, 两个图层同时被锁定, 见图 2-12。单击【Enter】键, 可以检查制作的"文字特效"的效果。

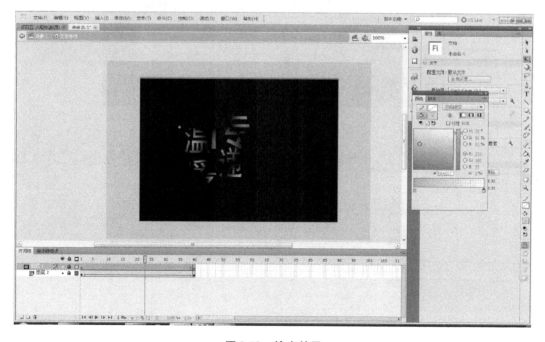

图 2-12 检查效果

3. 动态背景的制作

（1）回到场景中，新建图层并命名为"背景"。在第 41 帧处按快捷键【F7】，建立一个空白关键帧，见图 2-13。

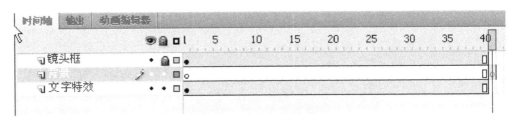

图 2-13　建立空白关键帧

使用选择工具 、任意变形工具 、矩形工具 、椭圆形工具 和颜色面板 制作背景图，背景的尺寸为 550×294，并使用【窗口】→【对齐】命令，可以使背景图形完全居中于舞台，上下都会留出相等的黑边，见图 2-14。

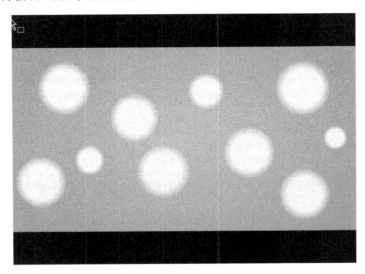

图 2-14　"背景"图形制作效果

（2）选中所制作的背景，按快捷键【F8】，将新制作的圆点背景转换为"背景"影片剪辑元件，见图 2-15。

图 2-15　"转换为元件"对话框

(3) 在时间轴"背景"图层的第 55 帧处按快捷键【F6】，自动生成一个关键帧，见图 2-16。

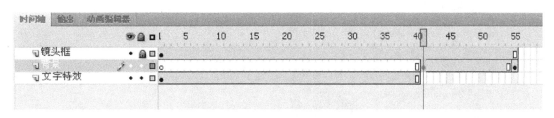

图 2-16 "背景"图层关键帧的创建

(4) 将指针放在时间轴"背景"图层的第 40 帧处，单击鼠标选中背景图形，见图 2-17。

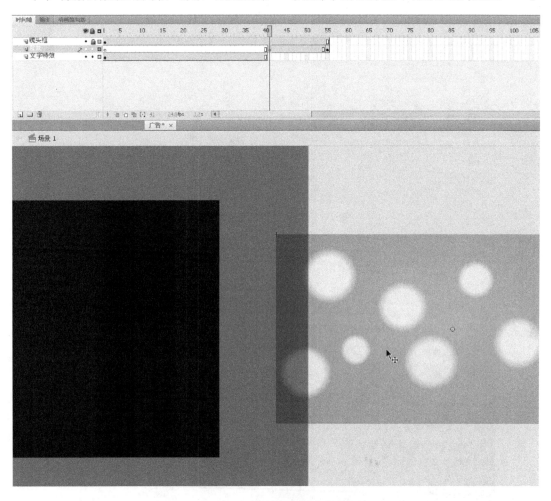

图 2-17 "背景"图形的起始位置

(5) 在"属性"面板中，打开滤镜选项，在新建滤镜中选择"模糊"。将"模糊"的"属性"中约束比例的锁链断开，模糊 X 设定为"77 像素"，模糊 Y 设定为"0 像素"，品质设定为"高"，见图 2-18。背景就会变成水平模糊，形成速度感，见图 2-19。

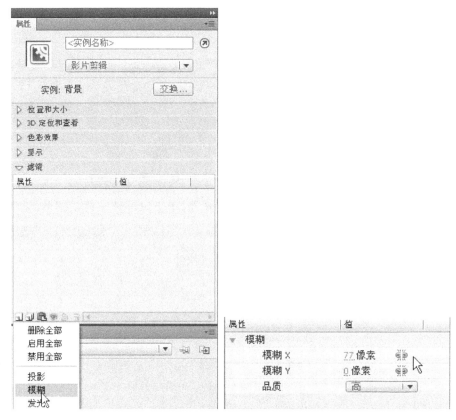

图 2-18 "模糊"滤镜的制作

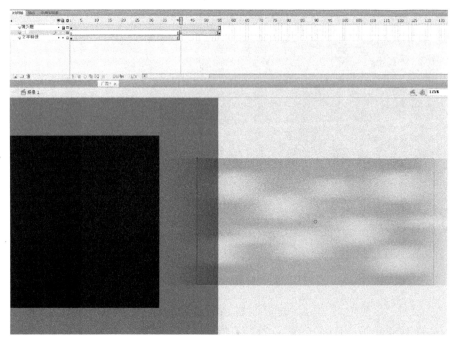

图 2-19 "背景"图形模糊后的效果

（6）在时间轴"背景"图层的第 40 帧和第 55 帧中间，右击鼠标，在弹出的菜单中单击"创建传统补间"命令，见图 2-20。

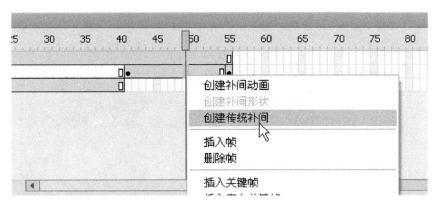

图 2-20　执行"创建传统补间"命令

这个部分就会自动生成补间动画了，背景图形就会快速地向舞台中间移动，并会由动感模糊逐渐变成清晰的图形，见图 2-21。

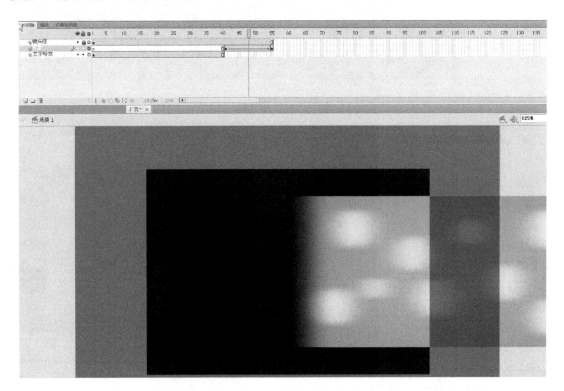

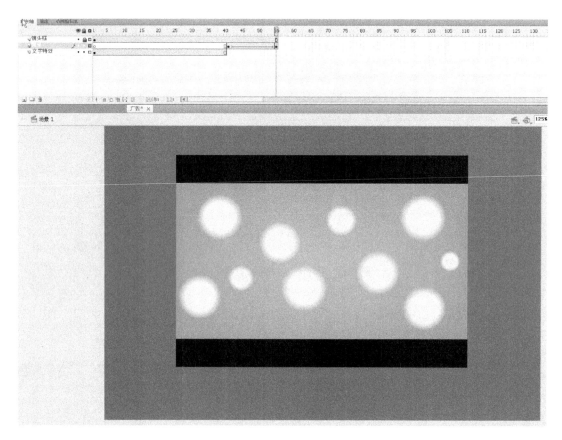

图 2-21 检测效果

4. 体育项目动画的制作

(1) 新建一个场景 2,选择【插入】→【场景】命令,见图 2-22,在场景 2 中完成体育项目动画。

知识点:在 Flash 中,一个文件里可以包括多个场景,一个场景可以包含一个舞台,一个舞台可以包含多个关键帧,所有场景共用一个库,场景和舞台是不同的。所以说,可以把场景理解为一个 fla 文件中的不同舞台,可以使用场景来制作一个 Flash 动画中的不同片段或一个多媒体课件中的不同页面,场景之间可以使用脚本或按钮相互跳转。

注意:在同一文件中建立过多场景容易导致软件出错。

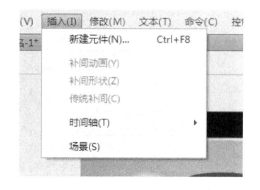

图 2-22 新建场景

(2) 打开库中的"自行车"位图,见图 2-23,我们需要把位图的图形制作成影片剪辑。

(3) 选择工具箱中的套索工具 ,选择下方的"魔术棒"按钮 ,单击"魔术棒设置"按钮 ,在弹出的对话框中将阈值设为"30",见图 2-24。

图 2-23 "自行车"位图　　　　　图 2-24 "魔术棒设置"对话框

用魔术棒单击自行车图形的白色区域部分,并按【Delete】键进行删除。白色都删除后,选择自行车图形,用颜料桶工具 填充黑色,把自行车保存成影片剪辑自行车,见图 2-25。

图 2-25 "自行车"位图处理

（4）回到场景中,新建一个名为"自行车"的图层,在第 56 帧处按快捷键【F7】,新建一个空白关键帧,将修改过的自行车图形拖入,把自行车影片剪辑拖到舞台上,调整位置和大小,见图 2-26。

（5）在"自行车"图层中选择第 10 帧、第 15 帧、第 20 帧,按快捷键【F6】,分别创建关键帧,调整自行车的位置和大小,见图 2-27。

Flash 经典案例设计与制作

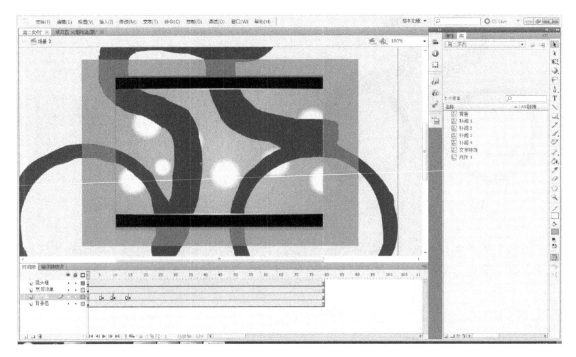

图 2-26 "自行车"关键帧的建立及素材的置入

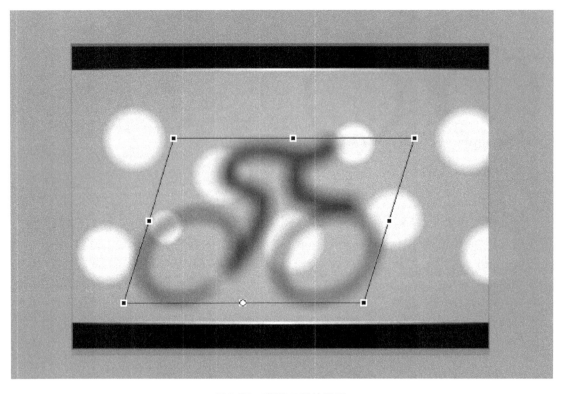

图 2-27 变形工具的使用

(6) 同样选择第 10 帧、第 15 帧处的影片剪辑,在"属性"面板上添加模糊的滤镜,见图 2-28。

(7) 对自行车属性中的"滤镜"进行设置,使用任意变形工具,将图形的中心点移至底部中心位置,并将鼠标移到图形顶部的轮廓线上,当鼠标变成"水平移动"图标时向右拖动,根据自己的需要控制图形倾斜度,见图 2-29。

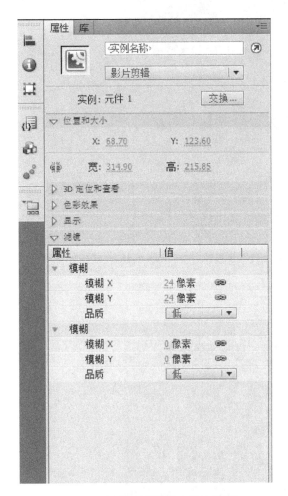

图 2-28　在"属性"面板上添加滤镜

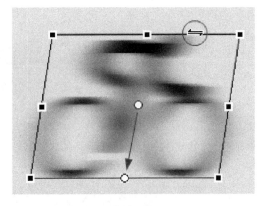

图 2-29　使用任意变形工具

(8) 在第 15 帧处按快捷键【F6】,建立一个关键帧,将舞台中自行车影片剪辑,调整其大小和位置,见图 2-30。

(9) 在第 20 帧处按快捷键【F6】,再建立一个关键帧。在这里用鼠标选中舞台中间的自行车元件,将其"模糊"属性删除。使用任意变形工具,将自行车倾斜的状态恢复到正常垂直的形态,见图 2-31。

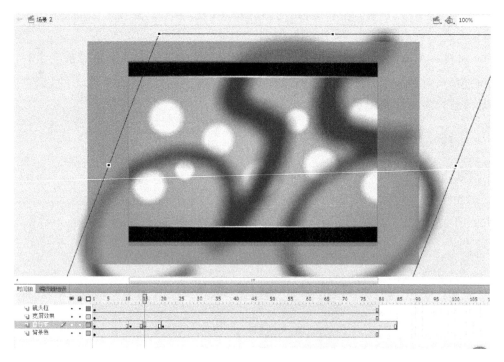

图 2-30　自行车驶入动画制作

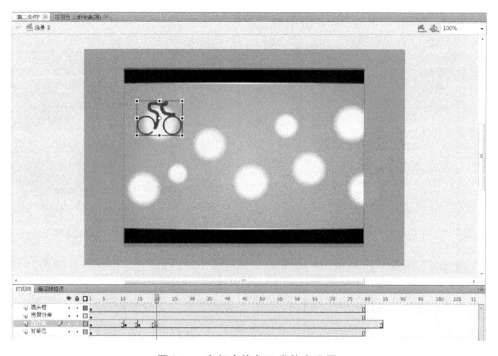

图 2-31　自行车恢复正常状态设置

（10）在第 1 帧、第 10 帧、第 15 帧和第 20 帧之间执行"创建传统补间"命令，会产生自行车快速停车的动画画面，见图 2-32。

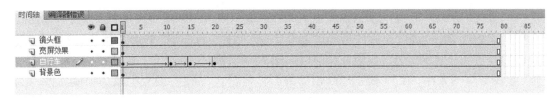

图 2-32　执行"创建传统补间"命令

（11）回到场景 2 中，新建图层，改名为"摔跤"，在第 20 帧处按下快捷键【F6】，创建一个空白关键帧，按照自行车影片剪辑的制作方法，制作摔跤的影片剪辑，将库中的摔跤的影片剪辑拖入到舞台中，分别在第 30 帧、第 35 帧、第 40 帧处按下快捷键【F6】，调整"摔跤"影片剪辑的大小，第 30 帧、第 35 帧处的影片剪辑在"属性"面板上添加模糊滤镜，见图 2-33。

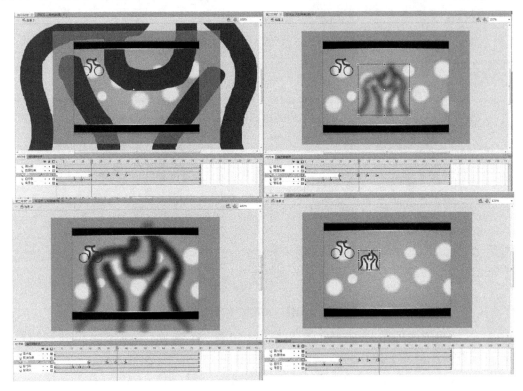

图 2-33　制作"摔跤"的影片剪辑

（12）在"摔跤"的图层上，选择在第 20 帧、第 30 帧、第 35 帧、第 40 帧之间执行"创建传统运动补间"命令，见图 2-34。

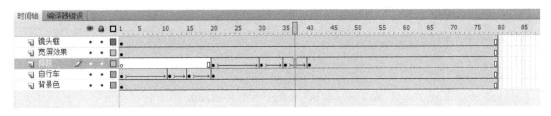

图 2-34　复制帧

(13）回到场景 2 中，新建图层，改名为"跆拳道"，在第 40 帧处按下快捷键【F6】，创建一个空白关键帧，按照自行车影片剪辑的制作方法，制作"跆拳道"的影片剪辑，将库中的跆拳道的影片剪辑拖入舞台中，分别在第 50 帧、第 55 帧、第 60 帧处按下快捷键【F6】，调整"跆拳道"影片剪辑的大小，第 55 帧、第 60 帧处的影片剪辑在"属性"面板上添加模糊滤镜，见图 2-35。

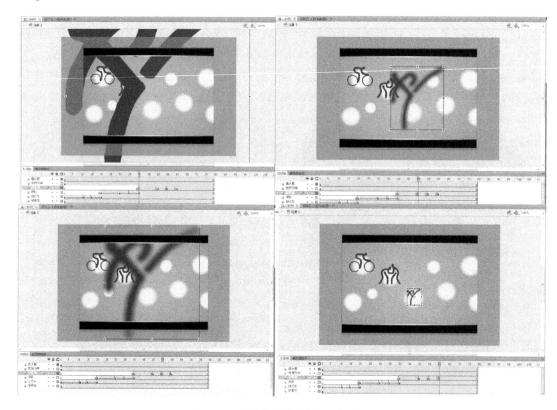

图 2-35　制作"跆拳道"的影片剪辑

（14）在跆拳道的图层上，选择在第 40 帧、第 50 帧、第 55 帧、第 60 帧之间执行"创建传统运动补间"命令，见图 2-36。

注意：所有体育项目图形的大小要一致，可以使用组合键【Ctrl】+【Alt】+【S】，旋转与缩放命令统一设置。

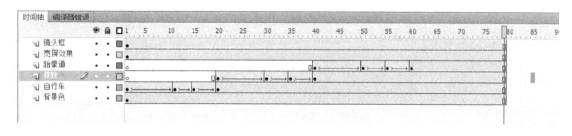

图 2-36　新建"跆拳道"图层并置入元件

（15）回到场景 2 中，新建图层，并命名为"动作组"，选择第 60 帧，创建空白关键帧，按照制作自行车的影片剪辑方法,制作动作组的影片剪辑,这里也可以是图形元件。从库中拖入动作组的元件,位置如图 2-37 所示。使用变形工具,调整动作组的变形,见图 2-37。

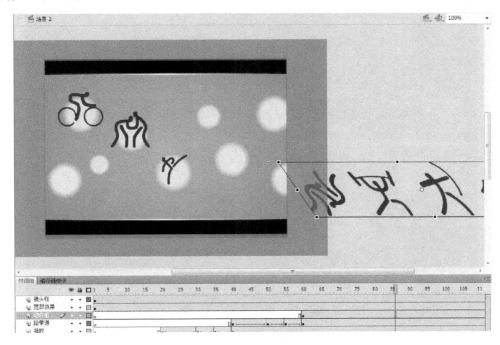

图 2-37 "动作组"滤镜制作

(16)在"动作组"的图层上,从第 95 帧开始连续按下 4 次快捷键【F6】,第 96 帧的元件使用变形工具调整好变形,见图 2-38。

图 2-38 使用变形工具

（17）选择"动作组"图层的第97帧，使用变形工具调整变形，使动作组元件向左倾斜；选择"动作组"图层的第98帧，使用变形工具，使动作组调正，见图2-39。

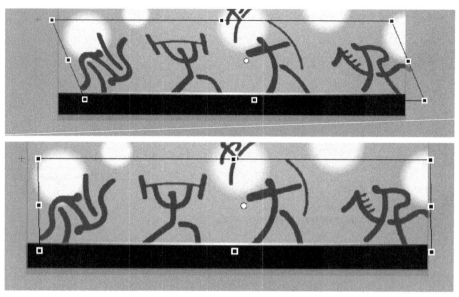

图2-39 使用变形工具调整

（18）在第60帧、第95帧处执行"创建传统运动补间"命令，为了制作动作组从右侧跑到舞台中间的加速度，可以单击传统运动补间的任意部分，打开"属性"面板，将缓动设置为"–100"，FLash中"缓动"的数值可以是–100~100之间的任意整数，代表运动元件的加速度。若"缓动"是负数，则元件做加速运动；若"缓动"为正数，则元件做减速运动；若"缓动"为0，则元件做匀速运动，见图2-40。

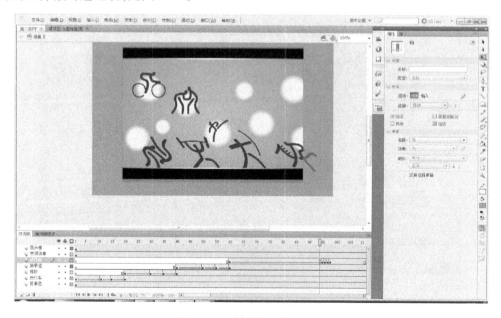

图2-40 "缓动"数值的设置

(19）在第 116 帧处按【Alt】键，复制到第 111 帧上，使用任意变形工具 ，将第 111 帧上的图形压扁，其程度与摔跤图形的程度一致，见图 2-41。

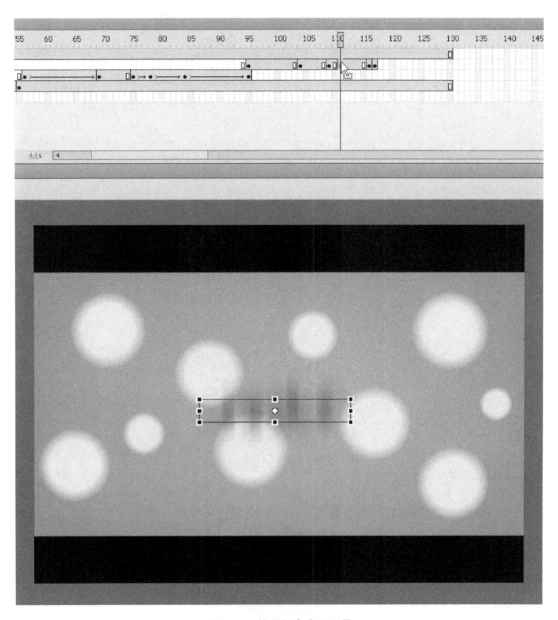

图 2-41　使用任意变形工具

(20)在第 111 帧与第 116 帧之间加上传统补间,并使用洋葱皮工具检查画面过渡效果,见图 2-42。

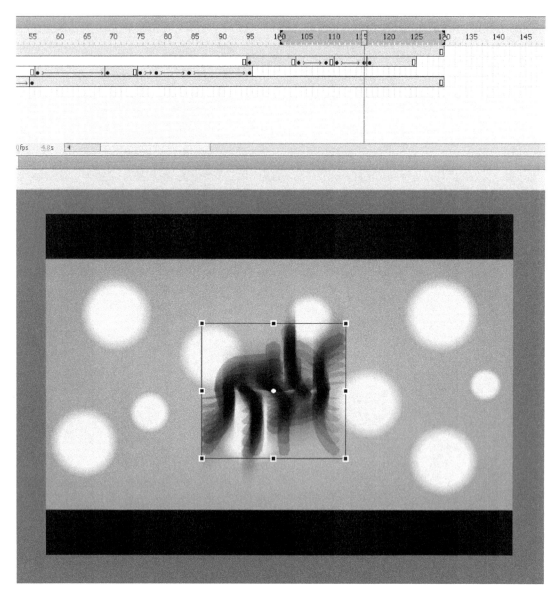

图 2-42　使用洋葱皮工具检查效果

(21)在第 126 帧、第 130 帧的位置插入两个关键帧。在第 130 帧处选中柔道影片剪辑元件,在"属性"面板中设置色彩效果的参数,样式为"Alpha",Alpha 值为"0%",见图 2-43。

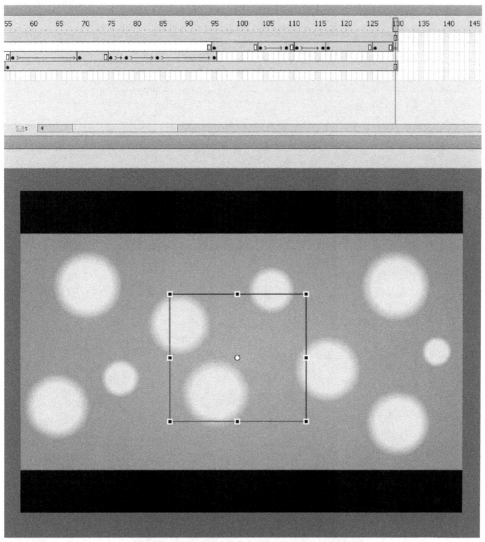

图 2-43 关键帧的插入及"Alpha 值"的设置

(22）在第 126 帧、第 130 帧之间插入传统补间，形成柔道影片剪辑淡出的画面，见图 2-44。

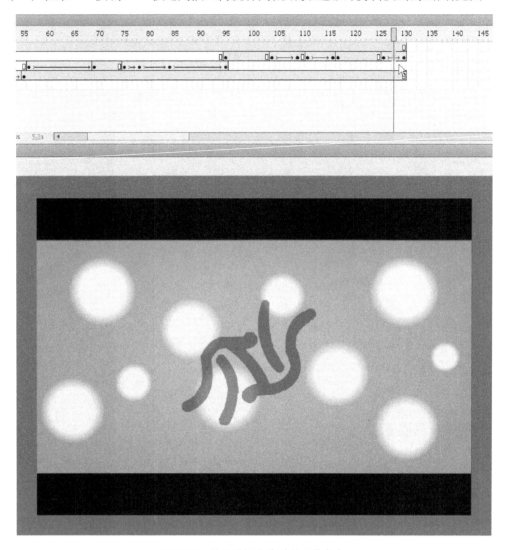

图 2-44　执行"创建传统补间"命令

(23）在光盘中找到举重、射箭、跆拳道、马术的位图，并用与自行车位图一样的操作方法将画面黑色部分分离出来，将其排列整齐，按快捷键【Ctrl】+【G】成组，见图 2-45。

图 2-45　举重、射箭、跆拳道、马术的位图

（24）新建图层，改名为"多种运动"，在第130帧上新建空白关键帧，将四个一组的运动图形拖放进来，并移至舞台的右侧，见图2-46。

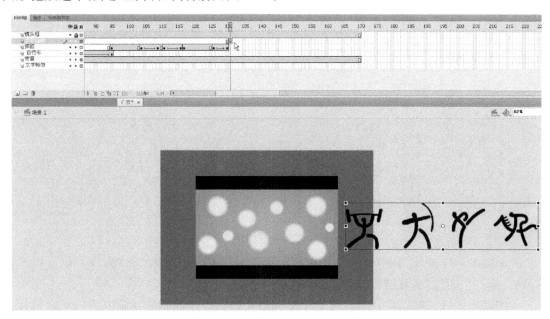

图2-46　新建"多种运动"图层，确定"运动图形"的起步位置

在第210帧处按快捷键【F6】，插入关键帧，按【Shift】键，将运动图形水平拖至舞台的左侧，并在这两个关键帧中插入传统补间，见图2-47。

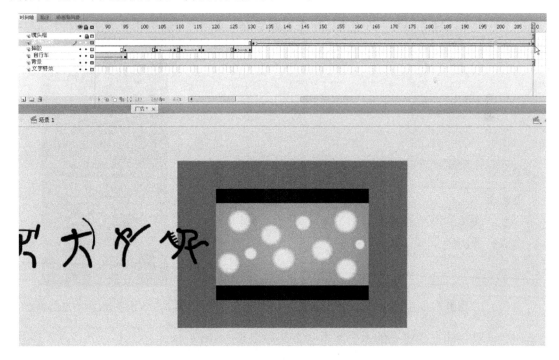

图2-47　确定"运动图形"的终点位置并创建传统补间

5. 火炬的制作

（1）在动画片中，主要通过描绘火焰的运动来表现火。火焰运动形态随着燃烧的过程发生变化，由于受到气流强弱的影响，从而出现不规则的曲线运动。这种运动变化多端，但大体上，火焰的运动可归纳为七种基本形态：扩张、聚集、摇晃、上升、下收、分离、消失。目前我们制作的火炬里的火焰要循环播放，所以把"消失"部分取消，见图 2-48。

图 2-48　火焰运动的基本形态

火必须有一个载体，和空气融合。在原画设计时，对火的处理要随意一些，而且火不是平面的，是一个团体，应分层次来画。

火的动作琐碎，跳跃，变化多。在这个案例里我们做规则的循环动画。可以采取鼠标勾线的方式，该方式较为繁琐、死板；也可以使用数码板（手写板）来绘制，不过这对手绘能力要求很高。

（2）使用快捷键【Ctrl】+【F8】创建新元件，名称取为"火"，设置类型为"图形"，见图 2-49。

（3）在绘制之前先另建一个图层，并在上面绘制一条水平线，标出火源发散的中心点，这样绘制火的时候画面会比较稳定，见图 2-50。

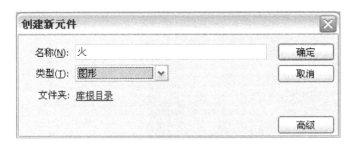

图 2-49　"创建新元件"对话框　　　　图 2-50　水平线、中心点的确立

（4）采取逐帧方式将火的六个基本状态绘制出来，见图 2-51。

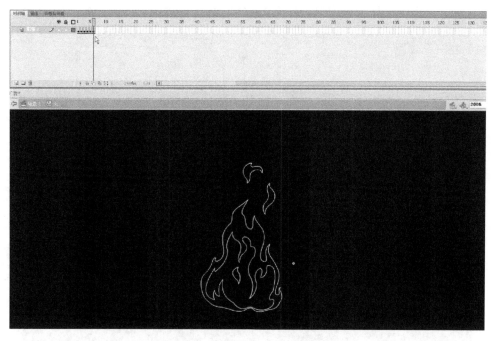

图 2-51 逐帧绘制火的基本状态

（5）基本形态绘制出来后就可以为它上色。为了展现逼真效果，我们将火分为两部分上色，靠近起火点的部分使用较亮的橘黄色，外围较大的火焰部分我们采用由上而下、大红至橘红色渐变，见图 2-52。

图 2-52 上色

(6) 使用洋葱皮工具检查火焰制作后的效果,见图 2-53。

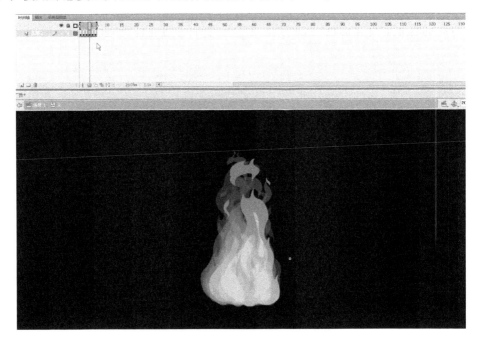

图 2-53　使用洋葱皮工具检查效果

(7) 选择"文件"→"导入"→"打开外部库"命令,在弹出的"打开外部文件库"对话框中选择"光盘：项目 2　Flash 创意广告制作\公益广告样本.fla"。在打开的外部库里找到"火炬"图形元件,将该元件拖入编辑文件的库中并双击,进入编辑状态,见图 2-54。

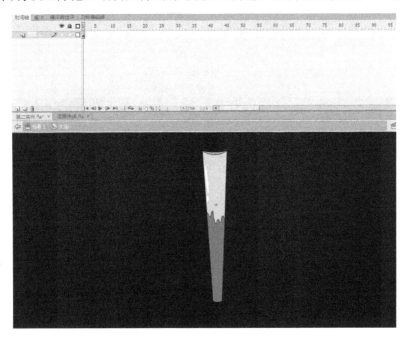

图 2-54　"火炬"的图形元件

(8)新建图层,并将制作好火的图形元件拖入,移至火炬的上端,见图 2-55。

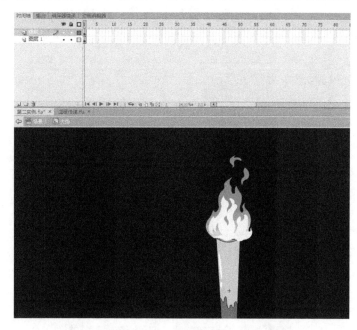

图 2-55 将"火"元件移至"火炬"元件的上端

(9)选中图层 1 和图层 2 的第 6 帧,按快捷键【F5】插入帧,单击【Enter】键,可以实时观看到火炬上火焰的燃烧。最后使用任意变形工具调整火焰的大小,见图 2-56。

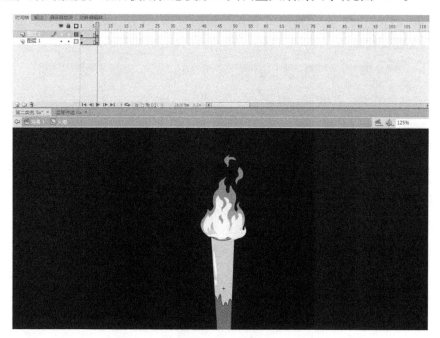

图 2-56 设置帧

6. 吉祥物瑞恩的动画制作

（1）新建名为"瑞恩"的图层，按快捷键【F7】，在第 211 帧处新建一个空白关键帧。在打开的外部库里找到"瑞恩"的图形元件，并将其拖到场景中，见图 2-57。

图 2-57 "瑞恩"图层的建立及元件的置入

（2）双击"瑞恩"的图形元件，进入到元件编辑界面，可见"瑞恩"的头部、身体、四肢都呈组的状态，见图 2-58。

图 2-58 编辑"瑞恩"元件

(3)将"瑞恩"的各个部分都选中,右击鼠标,在弹出的快捷菜单中选择"分散到图层"命令,在时间轴上可看到每个肢体的单独的图层,见图 2-59。

图 2-59 执行"分散到图层"命令

(4)将制作好的"火炬"元件放入"瑞恩"右手的图层中,见图 2-60。

图 2-60 将"火炬"元件放入"瑞恩"右手

（5）"瑞恩"的右手要呈打开状态，必须另外绘制握举火炬的形态，使用直线工具即可完成。将"瑞恩"拿火炬的右手转换为元件，并命名为"右手"，见图2-61。

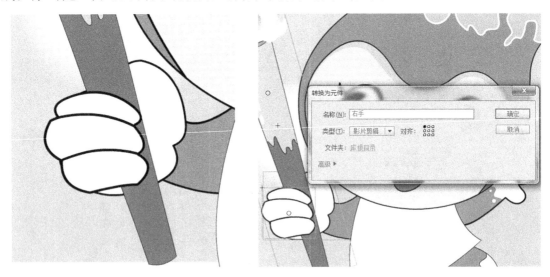

图2-61 制作"瑞恩"右手

（6）将"瑞恩"的头部、身体、四肢分别转换为元件，并将它们置入名为"瑞恩元件"的文件包中，见图2-62。

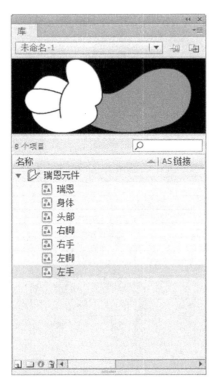

图2-62 制作"瑞恩元件"文件包

(7) 双击进入"右手"元件，在第 6 帧的位置按快捷键【F6】插入帧。在后面的动画制作过程中就能够看到火炬的燃烧，见图 2-63。

图 2-63　插入帧

(8) 回到场景中，在第 218 帧处按快捷键【F6】插入一个关键帧。启用任意变形工具将"瑞恩"的中心点移至底部中心位置，见图 2-64。

图 2-64　使用任意变形工具

(9) 鼠标指针回到第 211 帧,选中"瑞恩",将其拖到舞台下方,见图 2-65。

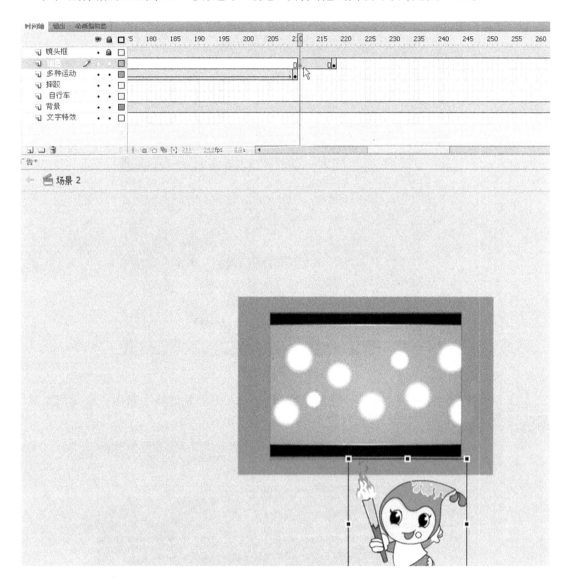

图 2-65　移动"瑞恩"到舞台下方

(10) 将第 211 帧的内容复制到第 214 帧、第 216 帧的位置。选中第 214 帧,启动任意变形工具,将"瑞恩"向上拉长,见图 2-66。

(11) 选中第 216 帧,启动任意变形工具,将"瑞恩"向下拉短(还可以拉宽一点),见图 2-67。

图 2-66 复制帧,使用任意变形工具

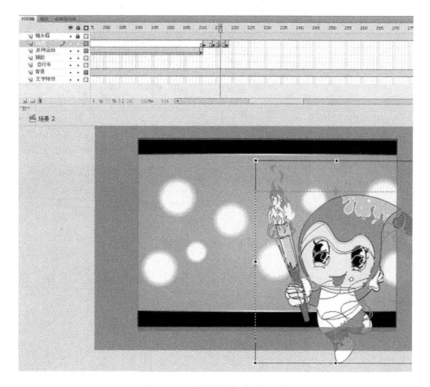

图 2-67 使用任意变形工具

（12）在第 210 帧至第 218 帧之间执行"创建传统补间"命令,见图 2-68。按【Enter】键可以看到"瑞恩"从画面中弹起来,这种变形的制作方法能够让画面增加活力。

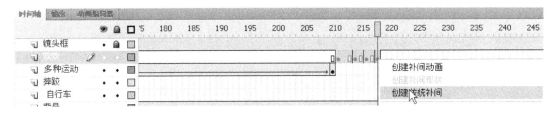

图 2-68　执行"创建传统补间"命令

（13）在第 240 帧处建立关键帧,准备制作"瑞恩"的动作,见图 2-69。

图 2-69　创建关键帧

（14）双击进入"瑞恩"元件的编辑界面,前面我们已经将"瑞恩"的各个部分独立地分散到各个图层,见图 2-70。

图 2-70 进入"瑞恩"元件编辑界面

(15)选中"瑞恩"的头部图层,双击进入"瑞恩"头部元件的编辑界面,见图 2-71。

图 2-71 编辑"瑞恩"头部元件

（16）在第 1 帧的后面按快捷键【F6】插入一个关键帧，对"瑞恩"的眼睛进行修改，见图 2-72。

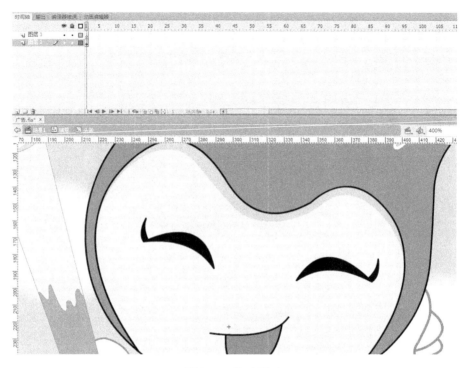

图 2-72　修改眼睛

（17）回到"瑞恩"元件的编辑界面，选择所有图层的第 5 帧，按快捷键【F6】添加关键帧，并在头部图层（图层 10）上选择第 1 帧，在"属性"面板中的循环选项里选择"单帧"，在"第一帧"中选择为"1"，见图 2-73。

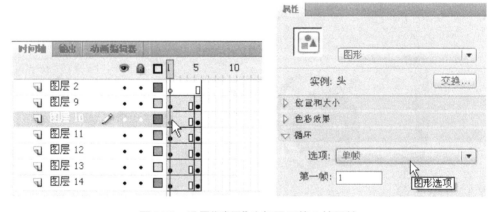

图 2-73　设置"瑞恩"头部图层第 1 帧属性

（18）选择所有图层的第 10 帧，按快捷键【F5】插入帧，在头部图层（图层 10）上选择第 5 帧，在"属性"面板中的循环选项里选择"单帧"，在"第一帧"中选择"2"，见图 2-74。

项目 2　Flash 创意广告制作　65

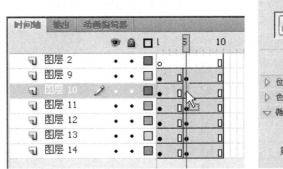

图 2-74　设置"瑞恩"头部图层第 5 帧属性

（19）延长所有图层的帧数，选择头部图层（图层 10），在第 7、9、11 帧上按快捷键【F6】，添加一个关键帧，并在这几帧之间执行"创建传统补间"命令，见图 2-75。

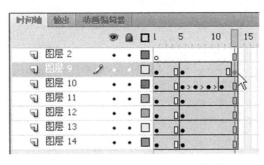

图 2-75　执行"创建传统补间"命令

（20）在右手（图层 9）图层的第 13 帧上按快捷键【F6】创建一个关键帧。选择任意变形工具，选中右手，并将中心点移至右手的根部，给"瑞恩"的右手添加动作，在后面动画的制作中要随时延长其他图层帧的长度，以保证画面的完整性，见图 2-76。

图 2-76　"瑞恩"右手动画制作 1

（21）在右手（图层 9）图层的第 15 帧上按快捷键【F6】创建一个关键帧。使用任意变形工具，向右侧旋转手臂的角度，见图 2-77。

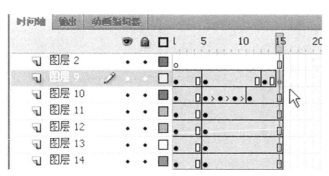

图 2-77 "瑞恩"右手动画制作 2

（22）在右手（图层 9）图层的第 18 帧上按快捷键【F6】创建一个关键帧。使用任意变形工具,向左侧旋转手臂的角度,这个角度要大一点,见图 2-78。

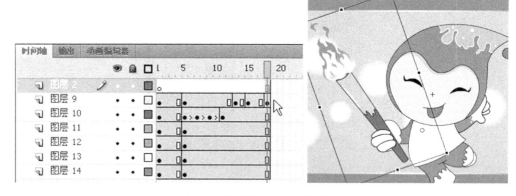

图 2-78 "瑞恩"右手动画制作 3

（23）在第 15 帧和第 18 帧的关键帧处按【Alt】键复制,按快捷键【F5】,调整每个关键帧的长度,并在第 13 帧至第 30 帧之间执行"创建传统补间"命令,见图 2-79。

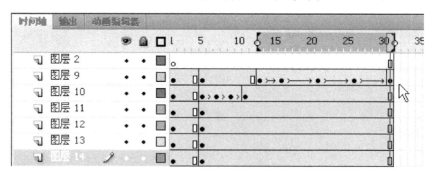

图 2-79 "瑞恩"右手动画制作 4

（24）在空白图层 2 的最后一帧上按快捷键【F6】插入一个关键帧,按快捷键【F9】,给这个关键帧添加"stop( );"动作,见图 2-80。

项目 2　Flash 创意广告制作　67

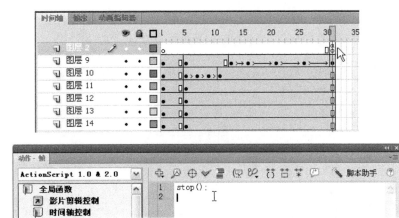

图 2-80　添加"动作"

7．文字动画制作

（1）回到场景中，新建"文字"图层，在第 240 帧上创建一个关键帧。在光盘中找到"项目 2　Flash 创意广告制作\图片\'点燃激情　传递梦想'"的位图，导入 Flash，用前面做运动项目的方法把文字处理出来，并将其转换为"影片剪辑"元件，见图 2-81。

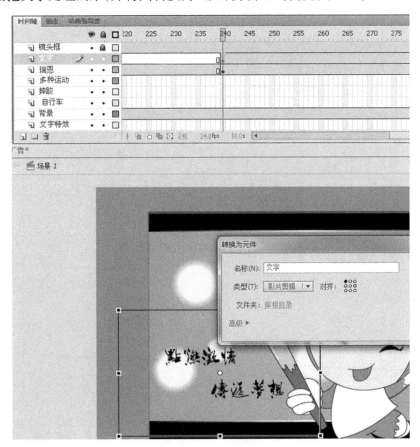

图 2-81　"文字"图层的建立、素材的置入及元件转换

（2）在第 260 帧上创建一个关键帧。选择第 240 帧的文字，在"属性"面板下的"色彩效果"选项中的"样式"中选择"Alpha"，将 Alpha 值设为"0"，见图 2-82。

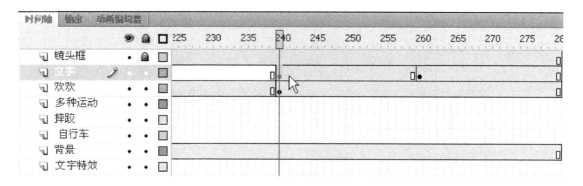

图 2-82　创建关键帧并设置 Alpha 值

（3）在第 240 帧和第 260 帧处执行"创建传统补间"命令，就会出现文字淡入显现效果，见图 2-83。

图 2-83　执行"创建传统补间"命令

(4)在第 265 帧上建立一个关键帧。在"属性"面板中的"滤镜"选项里添加"发光",模糊 X、模糊 Y 均为"14 像素",强度为"275%",品质为"高",颜色为白色,见图 2-84。

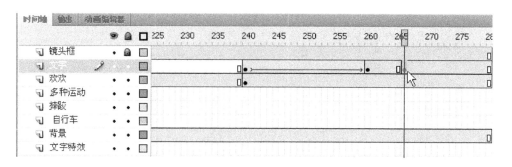

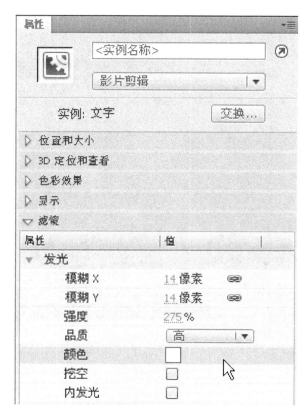

图 2-84　制作"发光"滤镜

（5）在第 260 帧至第 265 帧处创建"创建传统补间"命令，文字渐渐就会发白光，见图 2-85。

图 2-85　执行"创建传统补间"命令

（6）新建"文字 2"图层，输入文字"让我们为奥运喝彩"，用前面讲过的方法设置文字淡入效果，见图 2-86。

图 2-86　输入文字、制作文字特效

8. 音频剪辑及制作

打开 Adobe Audition 软件,开始制作音频。本例中我们要在该软件中剪辑出三段音频放置在 Flash 动画中。

(1) 打开 Audition 软件,进入编辑界面,见图 2-87。

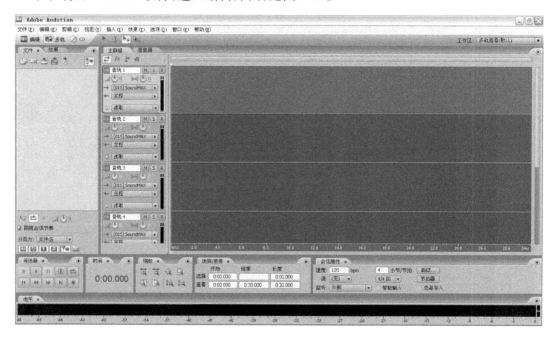

图 2-87　Audition 编辑界面

(2) 单击"文件"面板中的"导入文件"按钮,在弹出的对话框中的光盘中找到"项目2 Flash 创意广告制作\we are ready 北京 2008.mp3",见图 2-88。

图 2-88　导入音频

(3) 在"文件"面板中就会出现"we are ready 北京 2008.mp3"文件项目,单击"we are ready 北京 2008.mp3",将其拖入"音轨 1",见图 2-89。

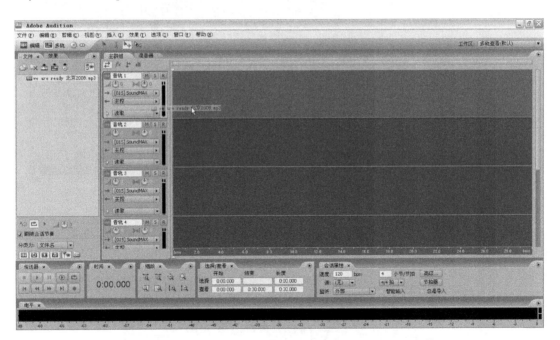

图 2-89　导入"音轨 1"

(4) "音轨 1"中就会出现该音乐的音轨图,此时就可以编辑音频文件了,见图 2-90。

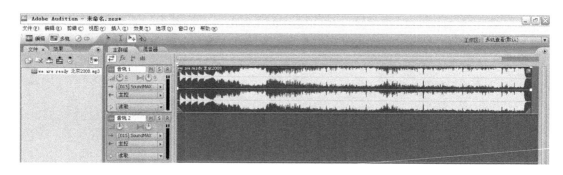

图 2-90 "音轨 1" 编辑 1

（5）按"空格"键，可以先听一下整首歌曲，了解我们需要剪辑的部分位置，在"时间"面板中观察播放的秒数，再按"空格"键，停止音乐的播放，见图 2-91。

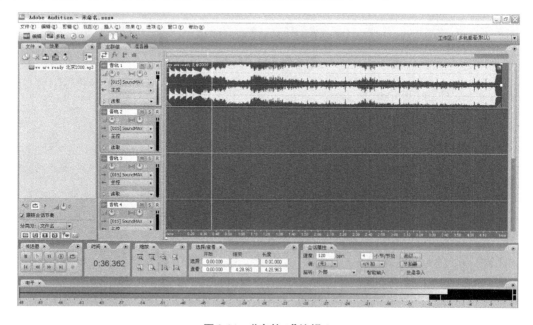

图 2-91 "音轨 1" 编辑 2

（6）将鼠标放在音轨上，鼠标会变成小手，拖动上方的黄色三角，可以根据需要随时听到所在位置的音频，见图 2-92。

图 2-92 "音轨 1" 编辑 3

（7）为了更仔细地编辑音频，可以按快捷键【+】，放大音轨的视图；相反，按快捷键【-】，可以缩小音轨的视图，见图2-93。

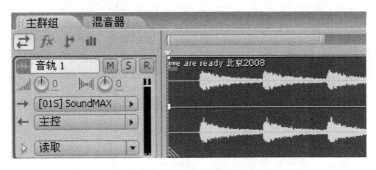

图2-93 "音轨1"编辑4

（8）我们将鼠标移至时间为0∶02.102处，按快捷键【Ctrl】+【K】，将黄色箭头所指虚线左右的部分分离，见图2-94。

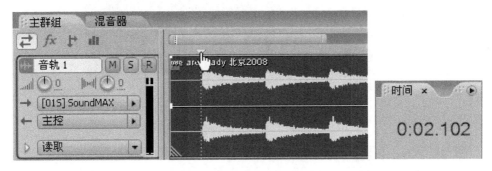

图2-94 "音轨1"编辑5

（9）选择工具箱中的移动/复制剪辑工具，选中前面没有声音的部分，将其删除，见图2-95。

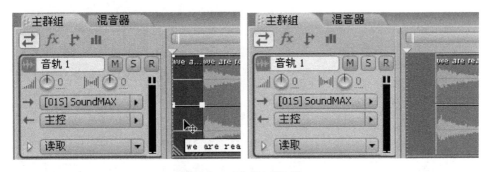

图2-95 "音轨1"编辑6

（10）将鼠标移至时间为0∶10.758处，按快捷键【Ctrl】+【K】，将黄色箭头所指虚线左右的部分分离，见图2-96。

（11）选择移动/复制剪辑工具，选中后面的音频并删除，并将剪好的一小段有"鼓声"的音频拖至音轨的最前方，见图2-97。

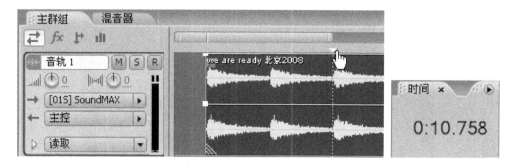

图 2-96 "音轨 1"编辑 7

图 2-97 "音轨 1"编辑 8

（12）选择"文件"→"导出"→"混缩音频"命令，见图 2-98。

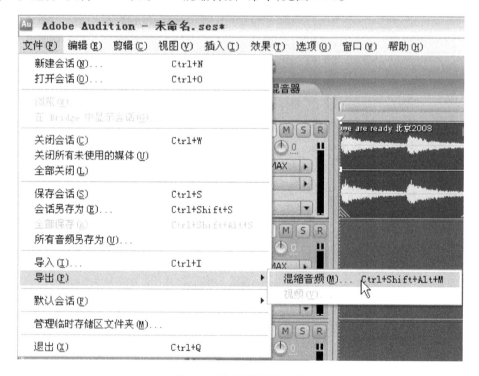

图 2-98 执行"导出"命令

（13）在弹出的对话框中，取文件名为"鼓声"，保存类型为"mp3PRO？（FhG）（＊.mp3）"，在音轨上选择"音轨1"，单击"保存"按钮，即可完成编辑，见图2-99。

图2-99 "导出音频混缩"对话框

（14）用同样的方法完成"音乐高潮部分"的音频剪辑制作。

（15）打开Flash创意广告制作文件，选择"文件"→"导入"→"导入到库"命令，在弹出的对话框中选中我们刚刚编辑好的两个音频，见图2-100。

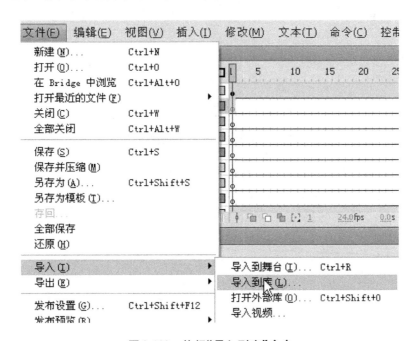

图2-100 执行"导入到库"命令

（16）在时间轴上新建"音乐 鼓声"图层，单击第1帧，在"属性"面板中的"声音"选项里添加"鼓声.mp3"，设置"同步"为"数据流"，将音频添加进去之后，按【Enter】键，播放检查一下，见图2-101。

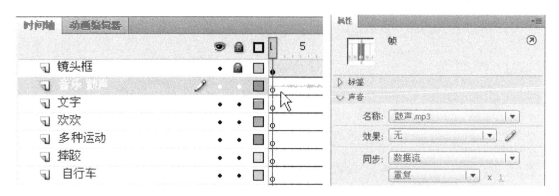

图2-101　新建"音乐 鼓声"图层并添加声音

（17）在时间轴上新建"音乐 高潮"图层，在第211帧，也就是瑞恩从舞台外进入画面中的那一帧处，在"属性"面板中的"声音"选项里添加"音乐高潮部分.mp3"，设置同步为"数据流"，按【Enter】键，播放检查一下，见图2-102。

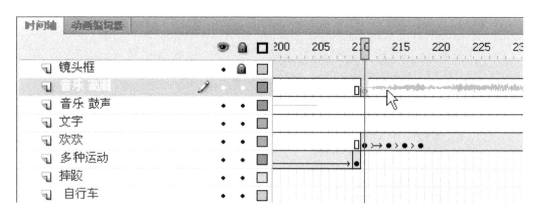

图2-102　新建"音乐 高潮"图层并添加声音

（18）将时间轴的所有需要的图层都延长至第515帧，在"镜头框"图层的最后一帧上按快捷键【F6】，创建一个关键帧，并按快捷键【F9】，添加动作"play( )；"，见图2-103。

图 2-103 添加"动作"命令

（19）最后在"库"中将"瑞恩""火""火炬"都改成影片剪辑，导出后就可以循环播放。按快捷键【Ctrl】+【S】保存，按快捷键【Ctrl】+【Enter】播放影片检查动画效果，如有修改，后期再进行调整，见图 2-104。

图 2-104　播放影片检查动画效果

 问题与探究

◇ 图形元件和音频剪辑元件的区别是什么？
◇ 火的基本形态分别是什么？火苗和大火之间又有什么区别？
◇ 在制作角色动作时会用到任意变形工具，请问该工具的中心点的确定在动作制作中起到什么样的作用？
◇ Audition 软件在制作完成音频后，可以导出的文件格式有哪些？

 任务评价

评价内容	序号	具体指标	分值	学生自评	小组评分	教师评分
基本检查	1	文件建立的准确性	5			
	2	火焰制作的准确性	10			
	3	文字特效制作的准确性	10			
	4	角色动作制作的准确性	10			
	5	帧操作的准确性	5			
	6	镜头衔接的处理	5			
	7	音频剪辑的准确性	5			
	8	动画格式导出的准确性	5			

续表

评价内容	序号	具体指标	分值	学生自评	小组评分	教师评分
工作态度	9	行为规范、纪律表现	10			
成片检测	10	情节的完整性	10			
	11	动作完成的程度	10			
	12	节奏的把握	10			
艺术效果	13	构图及美感的把握	5			
		综合得分	100			

习　题

以"常州花博会"为主题,学生独立完成 10～20 秒的 Flash 公益广告。要求:主题突出,能够体现出花博会的 logo、宣传口号及标志性建筑;画面流畅,镜头衔接自然;构图和色彩搭配合理、美观,能够体现多元化的审美要素;界面友好,让人耳目一新,达到雅俗共赏,以增进世界友好交流。

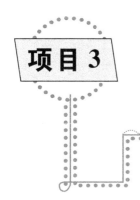

项目 3 Flash 简易动画片头制作

3.1 教学目标和工作任务

教学目标

◇ 了解 Flash 简易动画片头的制作方法；
◇ 能够独立制作，并创作动画片头。

工作任务

◇ 文件的建立；
◇ 动画的制作；
◇ 按钮的制作。

3.2 Flash 简易动画片头制作项目分析

项目分析

以"简易动画片头"为本项目制作的主题，用 Flash 软件的绘图等工具和按钮元件制作动画片头。动画片头是一部完整动画片制作的第一个部分，动画片头的精彩程度，在某种程度上决定了动画片对观众的吸引力,好的动画片头能够明确地表达故事的主题和内容。动画片头的趣味性和交互性也能够给观看者带来身心上的愉悦。

创作目的

通过学习动画片头的制作,让学生了解 Flash 动画片头的制作过程,从而对学生在其他的片头制作中提供一定的指导,也激发学生学习知识、掌握技能的积极性和主动性。

构思与策划

本项目以"我的校园生活"片头为例,通过文字、音乐、画面、节奏、按钮的配合,表现该动画片头主题。要求片头的音乐活泼,画面明快,有一定的娱乐性和观赏性。

3.3 教学过程

任务分析与实施

1. 文件的建立

(1)打开 Flash 软件,建立一个 Flash 文档,并设置该文档的属性。将尺寸设为默认尺寸"550 像素 × 400 像素",背景设置为"蓝白色",帧频设置为"24fps",标尺单位设定为"像素",然后单击"确定"按钮。选择"文件"→"储存"命令,将文件以文件名"片头.fla"储存起来。

(2)在文档设置好后,分别在时间轴里制作名为"音乐""镜头框""动画"的三个图层,见图 3-1。

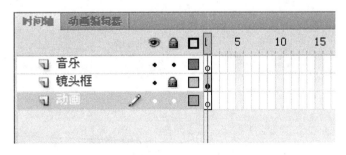

图 3-1 关键图层的建立

(3)"音乐"图层先空着,等动画部分制作完成之后再添加,参考前面所学知识将"镜头框"图层制作完成,见图 3-2。

图 3-2 添加镜头框

（4）在"动画"层下方新建图层"背景色"，使用矩形工具在舞台上绘制一个与舞台大小相同的矩形，填充颜色为蓝色，见图 3-3。

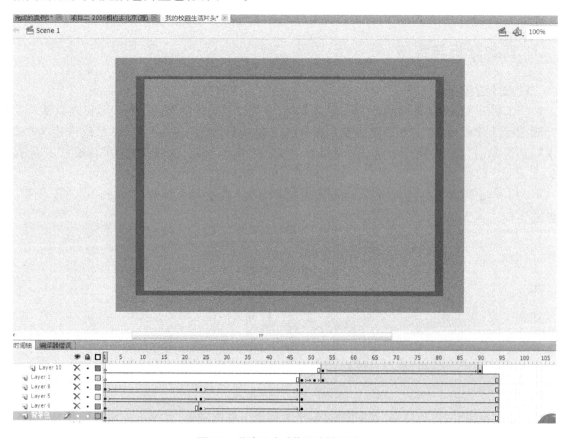

图 3-3 "动画合成"元件的制作 1

2．元件的制作

（1）首先来完成白云的制作，白云的形状随机性较强，我们介绍一种最简单的制作方法：选择"插入"→"新建元件"→"选择图形元件"命令，打开"创建新元件"对话框，将"名称"设置为"白云"，见图3-4。

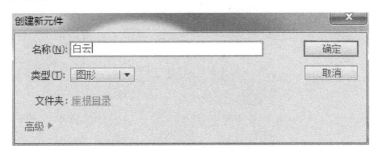

图3-4 "创建新元件"对话框

（2）在图层1上使用矩形工具绘制一个大小合适的蓝色矩形，在图层1上新建图层2，见图3-5。

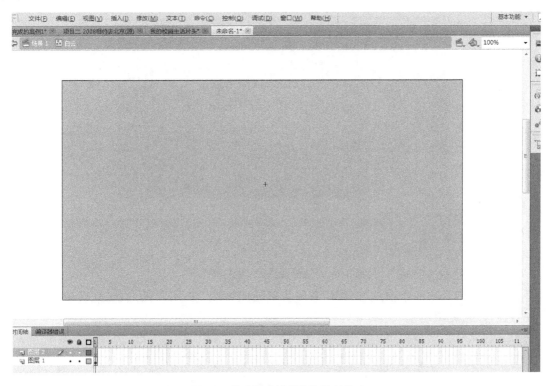

图3-5 "动画合成"元件的制作2

（3）选择椭圆工具，填充颜色为白色，笔触颜色为无，在舞台上绘制几个椭圆，并把几个椭圆堆叠在一起，见图3-6。

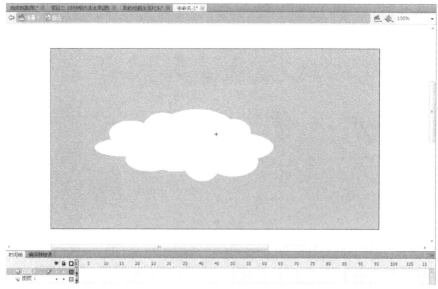

图 3-6 "动画合成"元件的制作 3

（4）在白云旁边的空白地方，使用直线工具绘制如图 3-7 所示的形状，配合使用选择工具使直线弯曲，见图 3-7。

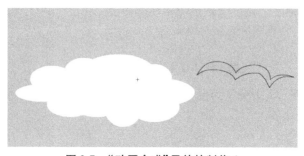

图 3-7 "动画合成"元件的制作 4

（5）使用颜料桶工具，填充颜色为灰色，填充刚刚绘制好的封闭曲线，再使用选择工具选择黑色边框线，删除，把剩余的灰色块移动到白云上，制作云朵的层次感，然后把制作的蓝色背景层删除，见图3-8。

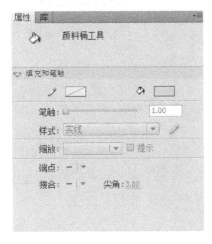

图3-8 "动画合成"元件的制作5

（6）在填充灰色的过程中，若遇到颜色填不进去的情况，你可以放大该线条，看看是否有线条接头处没有闭合，或者在工具栏下方的"空隙大小"中选择"封闭大空隙"，再使用颜料桶填充，应该就可以正常填色了。若缝隙过大，选择"封闭大孔隙"时也不能填色，只能手工调整线条的接头，见图3-9。

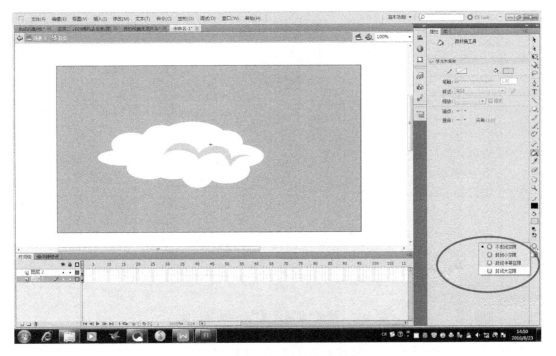

图3-9 "动画合成"元件的制作6

（7）掌握这种基础的绘制方法后，再依次尝试制作如图3-10所示的白云形状，并分别保存成元件，存在库中待用。

 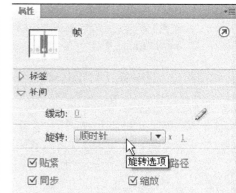

图3-10 "动画合成"元件的制作7

（8）制作太阳的元件，由于后面需要给太阳添加滤镜效果，所以太阳的元件属性选择"影片剪辑"。太阳的制作很简单，选择椭圆工具，笔触颜色为无，填充颜色为土黄色，按住【Shift】键的同时拖动鼠标，可以绘制正圆，同时按住【Shift】+【Alt】键，可以固定圆心，绘制正圆，见图3-11。

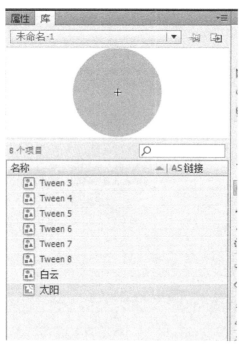

图3-11 检查"动画合成"元件的制作效果

（9）制作小鸟的图形元件，按照小鸟的形状，使用线条工具和椭圆工具，绘制小鸟的线框，见图3-12。

图 3-12 "小鸟"元件的制作 1

（10）调整线条的接头后，使用填充工具进行颜色填充，见图 3-13。

图 3-13 "小鸟"元件的制作 2

（11）由于后面小鸟有拍翅膀的动画，所以颜色填充完毕后，分别选择小鸟的两个翅膀，并保存成图形元件"翅膀 1"和"翅膀 2"，见图 3-14。

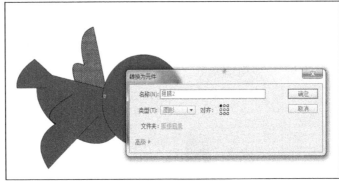

图 3-14 "小鸟"元件的制作 3

（12）接下来制作小鸟拍翅膀的动作，首先把小鸟的身体分成三个图层进行摆放，位置关系如图 3-15 所示。

图 3-15 "小鸟"元件的制作 4

（13）在图层"翅膀1"上制作一个翅膀的拍打动画，首先在第1帧，把"翅膀1"元件的注册点调整到翅根的位置，见图3-16。

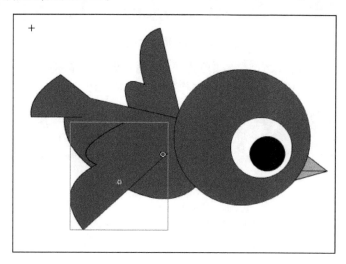

图3-16 "小鸟"元件的制作5

（14）在"翅膀1"图层的第4帧、第6帧处分别按下快捷键【F6】，制作关键帧，然后在第4帧处调整翅膀的位置，再分别给第1帧到第4帧、第4帧到第6帧创建传统补件。翅膀2的做法基本相似，小鸟飞行的元件制作完成，见图3-17。

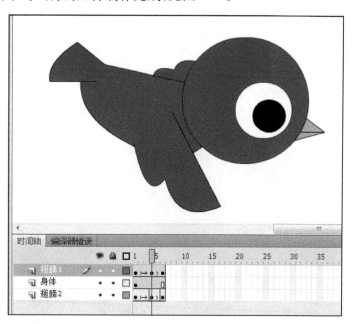

图3-17 "小鸟"元件的制作6

对文字元件的制作，使用文本工具输入"我的校园生活"；"属性"面板的设置请大家自行调整和选择，见图3-18。

我的校园生活

图 3-18　文字元件的制作 1

（15）选择墨水瓶工具，设置笔触颜色为黄色，笔触大小为 2，对文字进行两次打散操作，然后使用墨水瓶工具进行描边，文字元件制作完毕，见图 3-19。

我的校园生活

图 3-19　文字元件的制作 2

3．动画的制作

（1）回到场景中，新建"白云 1"图层、"白云 2"图层和"太阳"图层，分别从库中拖出制作好的"白云"元件和"太阳"元件，其中"太阳"元件需要添加一个模糊滤镜，"属性"面板的设置如图 3-20 所示，摆放位置参考图 3-20。

图 3-20　"属性"面板及摆放位置

（2）在"白云1"图层和"白云2"图层的第24帧处创建关键帧，调整"白云"元件的位置以及大小，在"太阳"图层的第24帧处创建关键帧，不需做调整，见图3-21。

图3-21 "白云"元件及"太阳"图层的调整1

（3）在"白云1"图层和"白云2"图层的第48帧处创建关键帧，调整"白云"元件的位置以及大小，在"太阳"图层的第48帧处调整太阳的大小，见图3-22。

图3-22 "白云"元件及"太阳"图层的调整2

（4）在图层中新建文字图层，在第48帧处拖入文字元件，在第51帧、第53帧处创建关键帧，调整文字的位置和大小，见图3-23。

图 3-23　标题文字元件的制作

（5）制作好这些关键帧,在关键帧之间执行"创建传统运动补间"命令,见图 3-24。

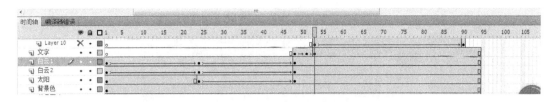

图 3-24　执行"创建传统运动补间"命令

（6）回到场景中，新建"小鸟 1"图层，在第 1 帧的镜头框左侧拖入"小鸟"元件，在第 90 帧处摆放小鸟，在第 1 帧和第 90 帧处执行"创建传统运动补间"命令，见图 3-25。

图 3-25　设置关键帧

（7）右击"小鸟 1"图层，在弹出的快捷菜单中选择"添加传统引导层"命令，设置"更改引导层的名字"为"路径 1"，在路径 1 的第 1 帧处绘制一条曲线，也就是小鸟的运动路径，见图 3-26。

（8）按照上面的步骤来制作小鸟 2 的引导层动画，虽然一条引导线可以引导多个图层，但是由于引导线的路径不一样，所以需要另外一组引导层动画，在"小鸟 2"图层的第 74 帧处拖入小鸟元件，在第 94 帧处按下快捷键【F6】，调整小鸟的位置，在中间创建传统运动补间，见图 3-27。

96　Flash 经典案例设计与制作

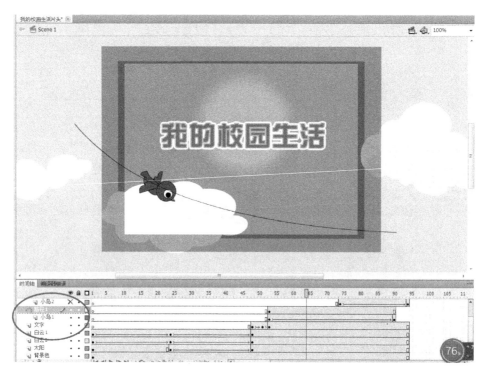

图 3-26　"小鸟"动画制作 1

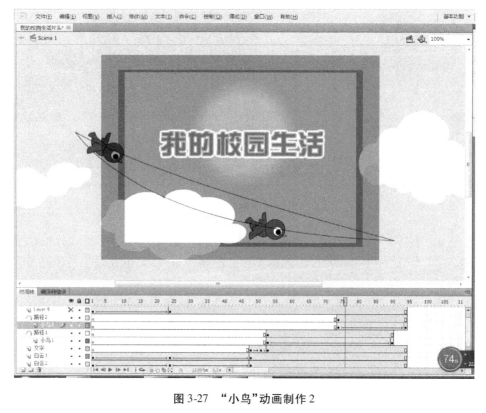

图 3-27　"小鸟"动画制作 2

4. 按钮的制作

（1）回到场景中，新建"按钮"图层，将所有图层的帧延长到第 94 帧，在最后一帧处插入一个关键帧。选择"窗口"→"公共库"→"按钮"→"bar capped grey"命令，将其拖入到舞台右下方，见图 3-28。

图 3-28 "小鸟"动画制作 3

（2）双击"Enter"按钮，在"text"图层上把文本"enter"改成"play"。

（3）选中舞台上的"按钮"，按快捷键【F9】设置动作命令："on（release）{gotoAndPlay(95);}"，也就是我们希望单击按钮，停止的动画可以从第 95 帧开始播放，见图 3-29。

图 3-29 设置动作命令

（4）回到场景中，新建图层"as"，在第 94 帧处按下快捷键【F6】，创建一个空白关键帧，单击第 94 帧，按下快捷键【F9】，在"全局函数"中选择"时间轴控制"中的"stop"，双击 stop，也就是说，我们希望整个片头动画停留在第 94 帧，见图 3-30。

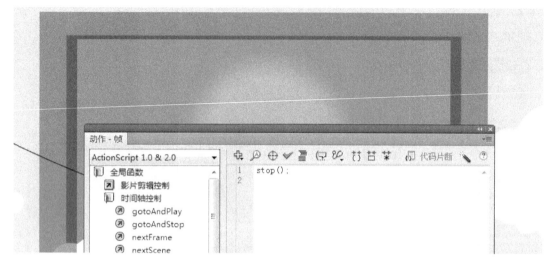

图 3-30　函数的应用

（5）回到场景中，新建"音乐"图层，给片头动画添加背景音乐，在库中找到"sound"文件，把"sound"文件拖入"音乐"图层的第 1 帧，见图 3-31。

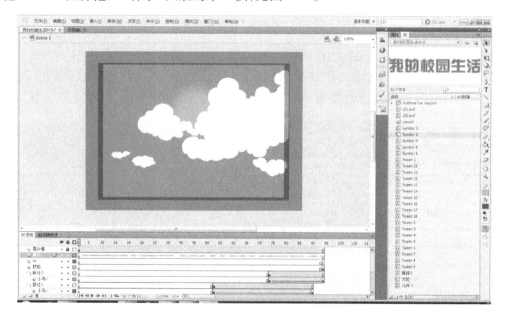

图 3-31　插入音频

（6）选中声音，然后单击"属性"，一般打开界面就会有属性栏，如果没有，可以在窗口里面寻找到属性。选中声音后在属性里面会出现图中出现的选项。这时我们需要在下面声音的附属选项里面把"同步"中的"事件"改为"数据流"，如果声音与动画不同步，是由于音频流和音频事件的比特率有关,这时需要把音频流和音频事件的比特率由之前的"16kbps"改为"24kbps"。右击库中的声音文件,选择"声音属性",设置"比特率"为"24kbps",最后单击"确定"按钮,完成所有的设置,见图3-32。

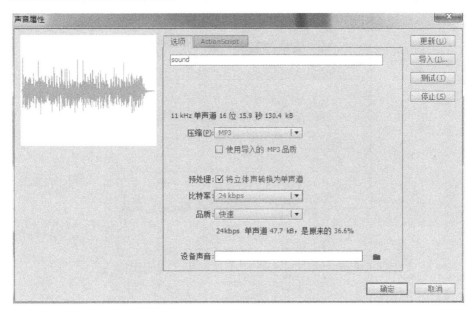

图3-32 "声音属性"对话框

(7)在"属性"面板中,Flash为我们提供了一些常用的声音效果,选择相应的选项,即可实现相应的效果;选中"无"选项,表示不对声音文件应用效果,选用这个选项也可以删除以前应用的效果。

图3-33 设置声音效果

（8）如果对这些常用效果不满意的话，还可以运用"自定义"选项来编辑。单击"自定义"（或"编辑"）按钮，弹出"编辑封套"对话框，在面板下面，Flash为我们提供了一些简单的辅助工具。缩放工具用来对波形图进行缩放，它的旁边是"秒"和"帧"按钮，这两个按钮决定在显示波形图时横坐标是"时间"还是"影格"，见图3-34。

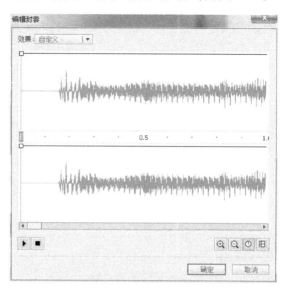

图3-34 "编辑封套"对话框

（9）我们将音乐的效果调整为淡入淡出，先用缩放工具将波形图缩放至合适的大小，将左侧两个小方块（调节手柄）拖至左下方（将音量设为最小），然后在线上分别单击创建调节手柄，并拖至最高处（将音量设为最大），注意与第一个调节手柄保持一定斜度，淡入效果就出来了，再在音量线上创建最高调节手柄和最低调节手柄，见图3-35。

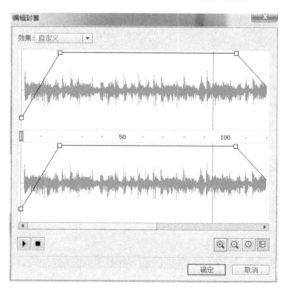

图3-35 设置"淡入淡出"音乐效果

5. 动画的导出

最后按【Ctrl】+【S】键保存，按【Ctrl】+【Enter】键播放影片检查动画效果，如有修改，后期再进行调整，见图 3-36。

图 3-36　播放影片检查动画效果

问题与探究

◇ 利用变形面板制作旋转复制图形时要注意什么？
◇ 弹性运动的基本规律是什么？
◇ 在制作角色转面动画时应该注意什么？

任务评价

评价内容	序号	具体指标	分值	学生自评	小组评分	教师评分
基本检查	1	文件建立的准确性	5			
	2	图层安排的合理性	10			
	3	变形面板使用的准确性	5			
	4	文字动画制作的准确性	10			
	5	小鸟动画制作的准确性	20			
	6	按钮制作的准确性	10			
	7	动画格式导出的准确性	5			

续表

评价内容	序号	具体指标	分值	学生自评	小组评分	教师评分
工作态度	8	行为规范、纪律表现	10			
	9	动作完成的程度	10			
	10	节奏的把握	10			
艺术效果	11	构图及美感的把握	5			
		综合得分	100			

习　题

以"公交一幕"为主题,利用光盘中人物形象为人设,独立完成 10～20 秒的 Flash 片头制作。要求:主题突出,画面流畅,构图精美,色彩搭配合理,界面友好。

项目 4

Flash 简易动画原理短片制作

4.1 教学目标和工作任务

  教学目标

◇ 了解 Flash 简易动画原理短片制作;
◇ 能够独立模仿案例,完成 Flash 简易动画原理短片制作。

  工作任务

◇ 场景的建立;
◇ 素材的导入;
◇ 动画元件的制作;
◇ 原画的制作;
◇ 动画的制作;
◇ 动画的合成;
◇ 场景的合成;
◇ 音乐的合成;
◇ 导出动画。

4.2 Flash 简易动画原理短片制作项目分析

创作流程

（1）音乐选择。
（2）角色创作。
（3）台本绘制。
（4）动画制作。

项目分析

以"公交一幕"为动画制作的主题，通过对 Flash 软件的各项功能的综合运用，制作动画 MV。本项目的实施采用了动画片的制作手法，重点加强原动画的绘制能力，对 Flash 软件元件库的使用也有进一步的探究。

剧本创意

公交一幕　剧本

片名	公交一幕	片集	单集	总集数	1 集
片长	3 分钟	编辑			

故事梗概：老张在公交车上发现小偷正在行窃，经过一番思想斗争，老张勇敢地站出来戳穿了小偷，并将小偷绳之以法。

场次	第一场	场景	公交站台	（室外）
时间	清晨	人物	老张,小偷,群众	

镜头 1：

（全景）
清晨的天空,蓝天白云。
镜头下移,公交站台上,老张及众人在等车。
公交车入画,众人上车。公交车驶出画面。

场次	第二场	场景	公交车内	（室内）
时间	清晨	人物	老张,路人甲,群众	

镜头2：

(近景)老张站在栏杆旁边。

镜头3：

(特写)小偷的手伸进了路人甲的挎包里。

镜头4：

(近景)老张站在栏杆旁边,转脸发现了小偷的偷窃行为。

镜头5：

(反打近景)老张很惊讶地看着小偷。

镜头6：

(反打近景)小偷用凶狠的眼神看着老张。

镜头7：

(反打近景)老张被小偷吓到了,回过头去。老张内心经过一番挣扎,最后还是勇敢地大喊:"抓小偷啊!"

镜头8：

(反打近景)路人甲听到老张的叫声回头发现了小偷。

镜头9：

(反打近景推镜头至特写)小偷愣住了,反应过来后凶狠地瞪着老张。

镜头10：

(反打近景)老张有些慌张,群众入画,纷纷站在了老张的周围。

镜头11：

(全景)背景全黑,只留小偷在画面中,警车开过,带走了小偷。

镜头12：

字幕:让我们一起勇敢地抵制违法行为。

造型设计

人物造型按下图所示设定。

人设草图

场景造型按下图所示设定。

道具造型按下图所示设定。

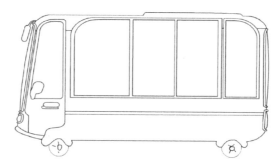

本案例的音乐素材需要音乐节奏欢快,自然流畅,具有强烈的感染力。能够较好地配合故事情节的发展。

在绘制台本的时候,要按照标准的台本格式,将分镜头脚本上的内容更加具体详细地绘制出来,并且按照标准准确地标示镜头顺序、时长、台词、特效、特别备注等内容。

公交一幕——分镜头台本

	对白	动作指示	备注
①		镜头下移,公交站台上,老张及众人在等车。	
	pose1		
		公交车入画,众人上车。	
	pose2		
		公交车驶出画面。	
	pose3		

公交一幕——分镜头台本

	对白	动作指示	备注
②		老张站在栏杆旁边。	
③		小偷的手伸进了路人甲的挎包里。	
④		老张站在栏杆旁边,转脸发现了小偷。	
⑤		老张很惊讶地看着小偷。	

公交一幕——分镜头台本

	对白	动作指示	备注
⑥		小偷用凶狠的眼神看着老张。	
⑦ pose1		老张被小偷吓到了。	
pose2		回过头去。	
pose3		老张内心经过一番挣扎，	

公交一幕——分镜头台本

	对白	动作指示	备注
pose4			
pose5			
pose6		最后还是勇敢地大喊:"抓小偷啊!"	
⑧ pose1		路人甲听到老张的叫声,回头发现小偷。	

公交一幕——分镜头台本

	对白	动作指示	备注
⑨	pose2		
		小偷愣住了，反应过来后凶狠地瞪着老张。	
⑩	pose1	老张有些慌张，群众入画，纷纷站在了老张的周围。	
	pose2		

公交一幕——分镜头台本

	对白	动作指示	备注
(图)	pose3		
⑪ (图)	pose1	背景全黑，只留小偷在画面中，警车开过，带走了小偷。	
(图)	pose2		
⑫ 让我们一起勇敢地抵制违法行为		让我们一起勇敢地抵制违法行为。	

4.3 教学过程

 任务分析与实施

1. 场景的建立

打开 Flash 软件,执行"文件"→"新建"命令,创建一个新文件。将尺寸设为"720 像素×480 像素",帧频为"24fps",标尺单位设定为"像素",见图 4-1,单击"确定"按钮。执行"文件"→"储存"命令,将文件以文件名"公交一幕.fla"储存起来。

图 4-1 设置文档属性

2. 镜头框的建立

在文档设置好后,参照前面所学知识制作镜头框,镜头框的尺寸设置为当前场景的 720 像素×480 像素;将"图层 1"更名为"镜头框",单击按钮  锁定该图层,使该图层既可见又无法执行任何编辑工作,见图 4-2。

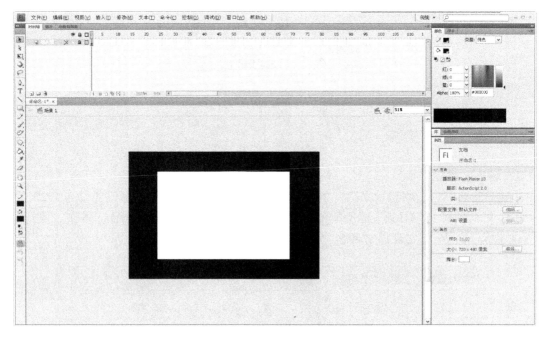

图 4-2　制作镜头框

3．素材的导入

将动画 MV 制作中需要用到的素材导入 Flash 软件中，并在元件库中建立素材文件夹，具体操作步骤如下：

（1）执行菜单"文件"→"导入"→"导入到库"，选择场景素材文件导入。在元件库中新建一个文件夹，将该文件夹命名为"造型元件"。将导入的场景素材放入"造型元件"文件夹中，见图 4-3。

（2）执行菜单"文件"→"导入"→"导入到库"，用同样的方法分别将"人物设定""色指定"及"音乐"素材导入，并建立相应的文件夹且对该文件进行分类整理，见图 4-4。

（3）在库中新建一个文件夹，并命名为"设定素材"，将"场景""人物设定""色指定""音乐"四个文件夹放入"素材"文件夹下，见图 4-5。简洁明了的目录使得我们在制作时可以很轻松地找到所需文件，为动画制作节省大量的时间和精力。

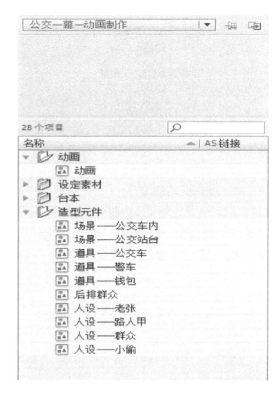

图 4-3　"场景"文件夹

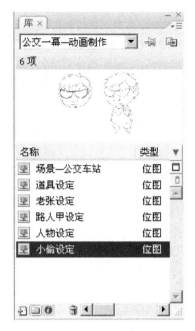

图 4-4 库文件夹

图 4-5 "设定素材"文件夹

4．动画元件的制作

（1）建立元件。

在"库"对话框左下方单击"新建元件"按钮，打开"创建新元件"对话框，将名称更改为"人设——老张"，类型为"图形"，见图 4-6。

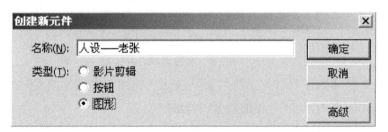

图 4-6 "创建新元件"对话框

（2）绘制元件。

① 将参考素材导入舞台。

在元件库中"设定素材"文件夹下找到"老张设定"文件，将该文件拖曳到舞台上，见图 4-7。

② 建立图层。

将"图层 1"重新命名为"参考"，并单击按钮 ，锁定图层。再单击按钮 ，新建一个图层，并命名为"造型"，见图 4-8。

图 4-7　将文件拖拽到舞台上

图 4-8　新建图层

在工具栏中长按矩形工具打开下拉列表框,选中"椭圆工具",见图 4-9,选择填充颜色为无色 。根据参考图,绘制老张的脸蛋,见图 4-9。

图 4-9　应用线条填充工具

在工具栏中选中选择工具 ▶，框选绘制好的椭圆，根据造型，调整脸蛋的位置，见图 4-10。

框选绘制好的椭圆造型，执行"修改"→"组合"命令，将图形打组，这样在接下来勾线的时候，就不会跟其他线条连接在一起，保持了现有线条的独立性，见图 4-11。

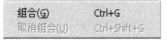

图 4-10 调整脸蛋　　　　　　　　　　　图 4-11 将图形打组

再在工具栏中选中线条工具 ＼，根据参考勾勒出造型的大体形状，见图 4-12。

在工具栏中选中选择工具 ▶，根据造型，调整曲线造型，见图 4-13。

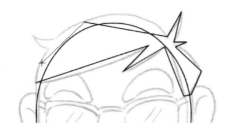

图 4-12 勾勒造型　　　　　　　　　　　图 4-13 调整造型

将绘制好的头发造型打组，见图 4-14。

继续使用绘图工具，将造型的五官分别绘制出来，并一一进行组合，见图 4-15。

图 4-14 将头发造型打组　　　　　　　　图 4-15 绘制五官造型

绘制身体的时候，为了方便之后的动画制作，将身体分别分为身体、手臂、手、臀部、腿，8个组合，见图4-16。

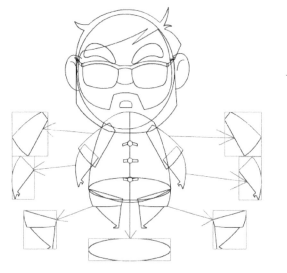

图4-16 绘制身体

③ 填充颜色。

对已经绘制好的元件进行填充上色。选中所要上色的部分，双击组合，进入组合内编辑，见图4-17。

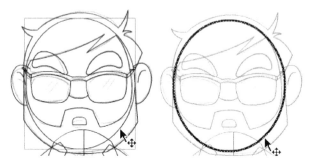

图4-17 双击进入组合内编辑

对造型进行填充，双击空白区域，退出组合，见图4-18。

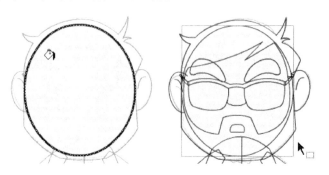

图4-18 对造型进行填充

按照以上方法,为身体部位填颜色。

如果遇到线条不封闭,没有办法填充的,可以先使用不同于原色的色线将不封闭的区域封闭并填充颜色。填充完成后再删除色线,见图4-19。

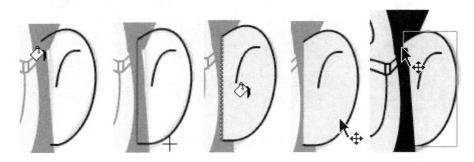

图4-19 处理线条不封闭的情况

按照以上方法,完成整个身体的填充上色。

④ 排列组合上下顺序。

填色完成后,将身体各部位按照正确的前后顺序进行排列。选中需要调整顺序的部分,执行"修改"→"排列"→"上移一层"(或"下移一层""移至顶层""移至底层")命令,见图4-20。

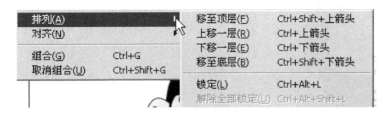

图4-20 执行"排列"命令

将身体各部位按照正确的前后顺序进行排列,见图4-21。

图4-21 调整身体各部位的顺序

⑤ 根据人物转面,统筹完成人物其他转面的绘制,见图4-22。

图 4-22　完成人物其他面的绘制

⑥ "公交一幕"动画片中其他人物的绘制。

● 路人甲造型绘制。

在"库"对话框左下方单击"新建元件"按钮，打开"创建新元件"对话框，将名称更改为"人设——路人甲"，类型为"图形"。在绘制有刘海的女生发型时，将前刘海和后面的头发分为不同的两个组合，见图4-23，这样在制作动画的时候就不会产生遮挡问题了。

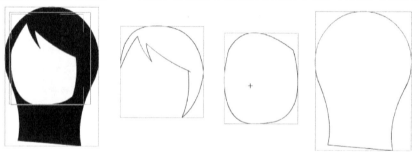

图 4-23　绘制有刘海的女生发型

根据人物造型的特点，有针对性地对造型进行拆分组合，完成人物最后的形象，见图4-24。

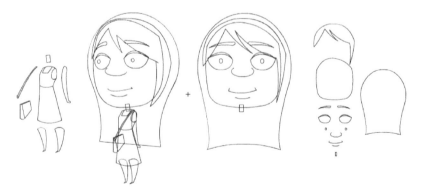

图 4-24　完成人物形象

对于制作好的线框图像填充颜色，注意颜色的合理搭配，见图4-25。

图 4-25　填充颜色

- 小偷造型绘制。

在"库"对话框左下方单击"新建元件"按钮，打开"创建新元件"对话框，将名称更改为"人设——小偷"，类型为"图形"。在"造型元件"文件夹下找出"人设——小偷"造型文件，拖曳到舞台上，绘制小偷的造型，见图 4-26。

图 4-26　绘制小偷造型

- 其他人物造型绘制。

在"库"对话框左下方单击"新建元件"按钮,打开"创建新元件"对话框,将名称更改为"人设——群众",类型为"图形"。将群众人设导入舞台中,绘制群众造型,见图4-27。

图4-27　绘制群众造型

- 道具的绘制。

在"库"对话框左下方单击"新建元件"按钮,打开"创建文件"对话框,将名称更改为"道具——钱包",类型为"图形"。将钱包的造型图导入舞台中,绘制道具钱包造型,见图4-28。

在"库"对话框左下方单击"新建元件"按钮,打开"创建元件"对话框,将名称更改为"道具——公交车",类型为"图形"。将公交车的造型图导入舞台中,绘制道具公交车造型,见图4-29。

图4-28　绘制道具钱包造型

图4-29　绘制道具公交车造型

在"库"对话框左下方单击"新建元件"按钮,打开"创建文件"对话框,将名称更改为"道具——警车",类型为"图形"。将警车的造型图导入舞台中,绘制道具警车造型,见图4-30。

项目 4　Flash 简易动画原理短片制作　123

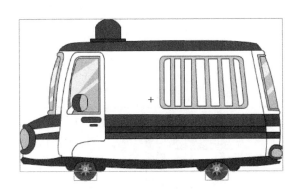

图 4-30　绘制道具警车造型

图 4-31　绘制公交站台造型

- 场景的绘制。

在"库"对话框左下方单击"新建元件"按钮，打开"创新文件"对话框，将名称更改为"场景——公交站台"，类型为"图形"。将公交站台的造型图导入舞台中，绘制公交站台造型，见图 4-31。

在"库"对话框左下方单击"新建元件"按钮，打开"创建文件"对话框，将名称更改为"场景——公交车内"，类型为"图形"。将公交车内的造型图导入舞台中，绘制公交车内造型，见图 4-32。

最后，整理元件库中的造型文件夹。在元件"库"中，新建一个文件夹，并命名为"造型元件"。将制作好的造型元件拖曳到"造型元件"文件夹下，如图 4-33 所示，收起文件夹。需要对元件库进行规范的整理、系统的命名，这样对后续的制作能够带来很大的帮助。

图 4-32　绘制公交车内造型

图 4-33　"造型元件"文件夹

5. 动画的制作

第一部分　动态本的制作

（1）建立元件：在库中新建一个"台本"文件夹，把我们准备的台本图片导进去，见图4-34。

（2）建立图层：在"场景"图层下再新建一个"台本"图层，见图4-35。

图4-34　"台本"文件夹　　　　　　　　图4-35　"台本"图层

（3）导入台本到舞台中，打开"缩放和旋转"工具对话框，把台本图片调整到合适舞台的大小和角度，见图4-36。

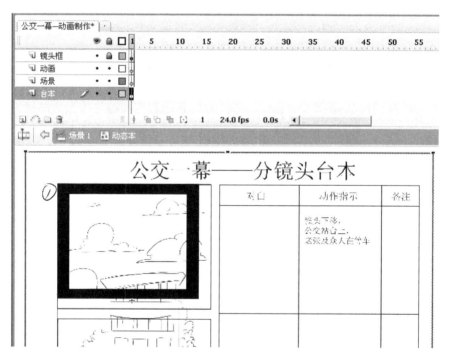

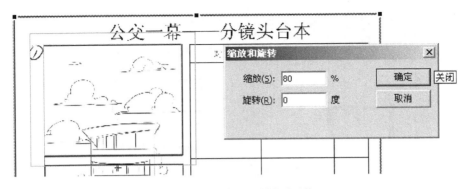

图 4-36 "缩放和旋转"对话框

(4) 将拖到舞台上的台本图片换成图形文件,根据台本上的时间,安排在时间轴上制作相应的位移动画,见图 4-37。

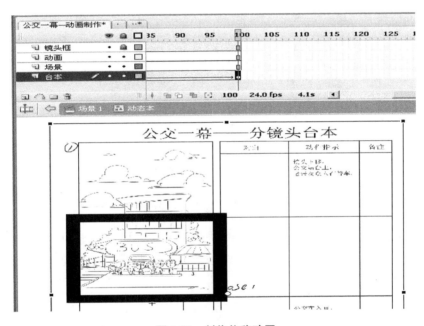

图 4-37 制作位移动画

(5) 再按照上面的制作方法来制作动态本,具体关键帧时间的安排见图 4-38。

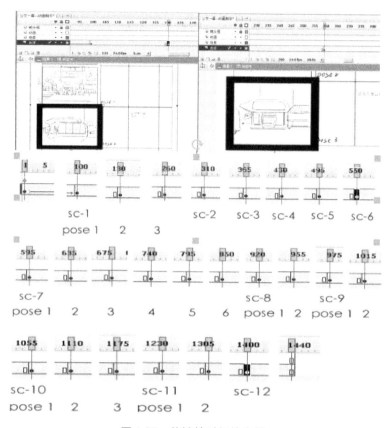

图 4-38 关键帧时间的安排

第二部分 场景的制作

（1）根据动态本，在相应的图层的关键帧处放置对应的素材，打开"缩放和旋转"对话框，根据舞台的大小进行调整，在场景的第一个关键帧处导入公交站台的图形元件，见图 4-39。

项目4　Flash 简易动画原理短片制作　127

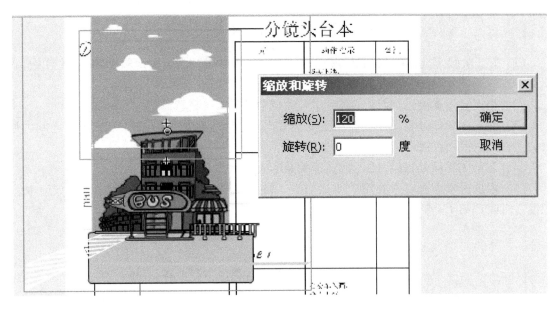

图 4-39　场景制作 1

（2）在场景的第 310 帧处拖入公交车内的图形元件,依次完成场景的放置,见图 4-40。

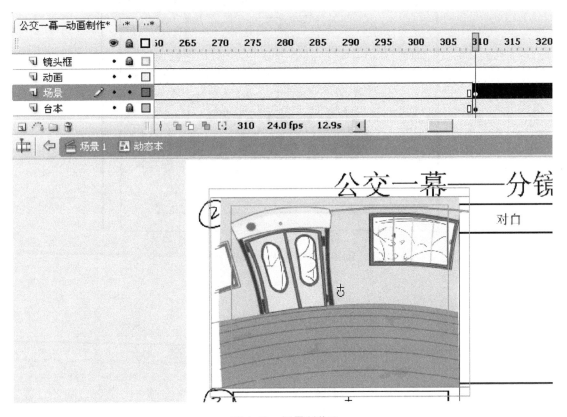

图 4-40　场景制作 2

第三部分 人物 POSE 制作

（1）在"动画"图层中放置人物元件素材，在库中把人物图形元件拖入舞台中，见图4-41。

（2）根据台本的要求，修改在舞台中人物的位置和POSE造型，见图4-42。

（3）在第310帧处要求人物老张的手臂挽住公交车内的立柱，调整图形元件之间的层次关系，并且把手臂的线条进行微调，如图4-43所示。

（4）在第310帧处，最后的人物位置关系和人物动作如图4-44所示。

（5）根据台本原画要求在第365帧，有一只带纹身的手准备向女孩的包下手，动作持续和发展时间到第430帧，见图4-45。

图 4-41 人物 POSE 制作 1

项目 4　Flash 简易动画原理短片制作

图 4-42　人物 POSE 制作 2

图 4-43　人物 POSE 制作 3

图 4-44　人物 POSE 制作 4

图 4-45 人物 POSE 制作 5

(6) 在第 365 帧,小偷的手被老张发现,推进镜头给人物眼部特写镜头,见图 4-46。

图 4-46 人物 POSE 制作 6

（7）在第 495 帧，切镜头，人物关系和位置如图 4-47 所示，老张的表情和手臂动作都发生改变，使用变形工具进行调整，将小臂部分进行水平翻转，再调整前后关系，见图 4-47。

图 4-47　人物 POSE 制作 7

（8）配合人物老张的神态，根据台本的要求，老张在发现偷窃行为时，内心有过激烈的心理斗争，反映在眼珠位置的变化以及嘴形的变化。给老张张开的嘴巴填充颜色，见图 4-48。

图 4-48 人物 POSE 制作 8

（9）当老张因紧张不知道该如何处理这件事情时，将镜头对准老张的侧面，添加汗珠，使用渐变工具制作老张整个侧面的脸涨红的过程，见图 4-49。

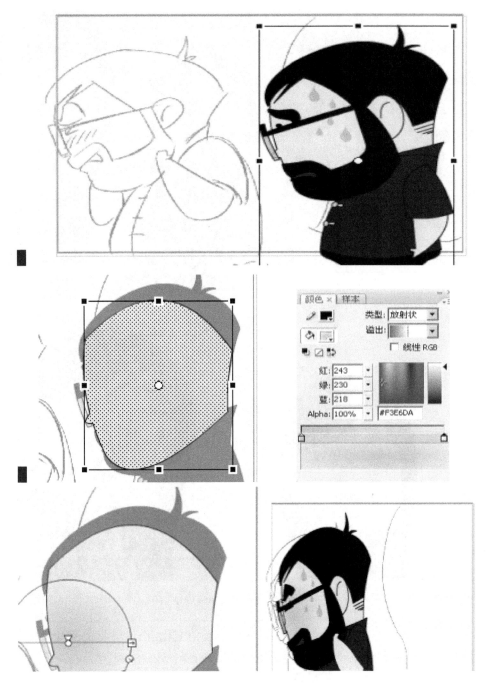

图 4-49　人物 POSE 制作 9

（10）根据台本制作要求，老张终于喊出了"抓小偷"，出现人物对白，配合老张的动作，并且切换镜头至被偷的小姑娘，制作其神态表达的过程，见图 4-50。

图 4-50 人物 POSE 制作 10

（11）对小偷在镜头框中的动作变化、进场和出场的变化、小偷嘴形的变化、小偷眼睛的变化，使用油漆桶工具和渐变工具进行颜色填充，见图 4-51。

（12）制作小偷脸色涨红的效果，打开渐变工具，调整颜色，填充人物的脸部，见图 4-52。

图 4-51 人物 POSE 制作 11

图 4-52 人物 POSE 制作 12

(13)根据台本要求完成关键帧的制作,见图4-53。

图 4-53　人物 POSE 制作 13

(14)按回车键,播放动画效果。至此即完成动画的制作。

6.动画合成

运用已经完成的动画元件及场景拼合完成动画。

(1)背景层的合成。

① 在元件库中新建元件,并命名为"动画合成",见图4-54。

② 双击元件,进入"动画合成"的元件编辑界面。

将"图层1"更名为"背景层",见图4-55。

项目 4　Flash 简易动画原理短片制作

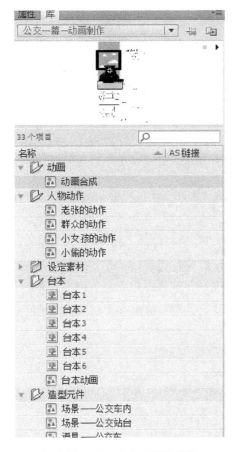

图 4-54　在元件库中新建元件

图 4-55　将"图层 1"更名"背景层"

③ 选择油漆桶工具，在属性栏里将类型改为"线性"，渐变颜色改为从蓝到白，见图 4-56。

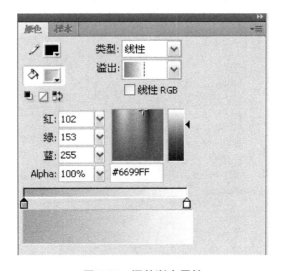

图 4-56　调整渐变属性

④ 选择矩形工具 ▢，在舞台上绘制一个矩形，使用渐变变形工具 ▇▇ 更改渐变方向，见图 4-57。

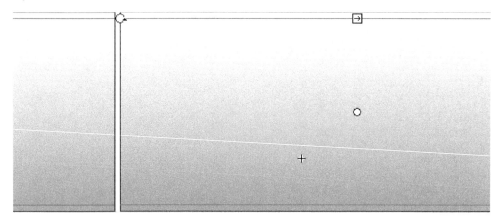

图 4-57　绘制渐变矩形

⑤ 框选绘制好的矩形，在属性栏里调整矩形的宽度为 2300，高度为 1000，见图 4-58。选中矩形并右击，在弹出的快捷菜单中选择"组合"命令。

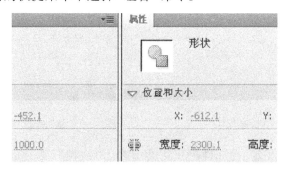

图 4-58　调整矩形框的位置和大小

⑥ 在"库"中打开"素材文件"→"场景"文件夹，选择"场景 0006.png"至"场景 0014.png"文件，拖入到舞台上，见图 4-59。

图 4-59　将场景拖入舞台

⑦ 在舞台上分别调整每张图片的大小和位移到相对的位置上，见图4-60。

图4-60 调整场景的位移

（2）老张动作的合成。

① 锁定背景层，新建图层，并命名为"老张"，见图4-61。

图4-61 为图层命名

② 接下来依次将前面制作完成的人物动作，如小女孩动作、小偷动作、群众动作拖入舞台，调整它们的大小及位置，见图4-62。

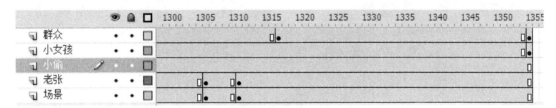

图4-62 调整大小及位置

③ 按回车键，播放动画效果。至此即完成"动画合成"的制作。

7. 音乐合成

（1）回到场景中，在时间轴上新建"音乐""动画""停止"层。将"停止"层放在最上方。将"动画"层放在镜头框的下方，见图4-63。

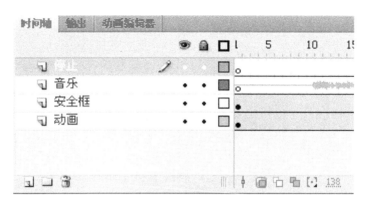

图 4-63 调整图层顺序

(2) 将素材拖入舞台。

① 选择"动画"层,将"动画合成"元件拖入舞台。

② 选择"音乐"层,在库中打开"素材文件"→"音乐",将音乐拖到舞台上。

③ 将 4 个图层延长至第 1533 帧,见图 4-64。

图 4-64 将音乐拖到舞台上

(3) 设置动作语言。

选择"停止"层上的最后一帧,并将之设置为"空白关键帧",打开"动作"对话框,输入命令"stop( );",见图 4-65。

项目 4　Flash 简易动画原理短片制作

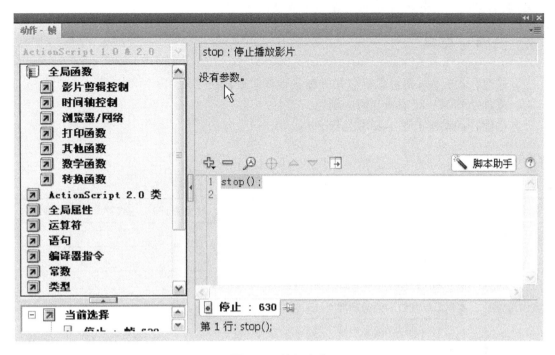

图 4-65　输入命令

8. 导出动画

（1）将制作好的动画导出成可以脱离制作环境播放的 SWF 格式。

（2）执行菜单"控制"→"测试影片"，预览制作完成的动画 MV，见图 4-66。

图 4-66　预览动画

问题与探究

◇ 修改"元件"后,是否影响该元件在其他场景中的正常运用?
◇ 逐帧动画与补间动画有何区别?
◇ 创建补间动画的基本要求是什么?

 任务评价

评价内容	序号	具体指标	分值	学生自评	小组评分	教师评分
基本检查	1	文件建立的准确性	5			
	2	镜头框建立的准确性	5			
	3	元件建立的合理性	5			
	4	原画绘制的合理性	20			
	5	动画制作的完整性	10			
	6	音乐的正确导入	5			
	7	动画格式导出的准确性	5			
工作态度		行为规范、纪律表现	10			
成片检测	8	情节的完整性	10			
	9	动作完成的程度	10			
	10	节奏的把握	10			
艺术效果	11	构图及美感的把握	5			
		综合得分	100			

 习 题

设计一套完整的人物造型,有转面和色指定。制作一段完整的动作,并配上音效。要求:动作合理,画面流畅,构图精美,色彩搭配合理,界面友好。